高等院校"十四五"新工科精品教材

现代工科实验室安全

XIANDAI GONGKE SHIYANSHI ANQUAN

总主编　陈雪利
主　编　谢　晖
副主编　李卫帮　韩　卿　王忠良　崔传贞
　　　　董明皓　赵　静　王　琳
编　者　朱守平　秦　伟　李亚超　李　治　孙　燕　任胜寒
　　　　徐欣怡　沈晓敏　应琼琼　曾　琦　何英迪　尹雪聪
　　　　李　謦　周王婷　陈多芳　刘　鹏　王艺涵　拓金梁
　　　　曹　旭　张东杰　陈　丹　杨雪娟　赵林安　杨慧婷

U0720960

西安交通大学出版社
XI'AN JIAOTONG UNIVERSITY PRESS

图书在版编目(CIP)数据

现代工科实验室安全 / 谢晖主编. —西安：西安交通大学
出版社，2023.2(2025.9重印)
高等院校"十四五"新工科精品教材/陈雪利总主编
ISBN 978 - 7 - 5693 - 2575 - 1

Ⅰ. ①现⋯ Ⅱ. ①谢⋯ Ⅲ. ①实验室管理-安全管理
Ⅳ. ①G311

中国版本图书馆 CIP 数据核字(2022)第 069472 号

书　　名	现代工科实验室安全	
主　　编	谢　晖	
责任编辑	赵丹青	
责任校对	张永利	

出版发行　西安交通大学出版社
　　　　　（西安市兴庆南路 1 号　邮政编码 710048）
网　　址　http：//www.xjtupress.com
电　　话　(029)82668357　82667874(发行中心)
　　　　　(029)82668315(总编办)
传　　真　(029)82668280
印　　刷　西安日报社印务中心

开　　本　787mm×1092mm　1/16　印张 9.875　字数 217 千字
版次印次　2023 年 2 月第 1 版　　2025 年 9 月第 2 次印刷
书　　号　ISBN 978 - 7 - 5693 - 2575 - 1
定　　价　49.00 元

如发现印装质量问题，请与本社市场营销中心联系。
订购热线：(029)82665248　(029)82667874
投稿热线：(029)82668803
读者信箱：med_ xjup@163.com

前　言

　　实验室不仅是对学生进行知识传授、技能训练、能力培养的平台，也是高校发挥科学研究和社会服务功能的必要场所。

　　实验室安全关系到高校的和谐稳定和持续发展，关系到师生员工的生命健康和财产安全，是建设"和谐社会、平安校园"的重要内容之一。不可否认的是，当前高校实验室安全事故时有发生，部分事故导致重大的人身伤亡和财产损失，造成了恶劣的社会影响。多年来，广大实验室工作人员齐心协力，保证了实验室各项教学科研工作长期安全稳定的运行，但是实验室安全工作所面临的压力和挑战始终存在，容不得丝毫松懈。保障实验室的安全是科学研究顺利进行的先决条件。实验室安全建设体现了科学研究中的科学发展。贯彻落实科学发展观，加强实验室安全建设，是科学技术不断发展的坚实基础。

　　本书的编者都具有长期的实验室一线管理、教学及科研经历，深感实验室安全的重要性，为了加强理工科各类实验室安全建设，为众多理工类实验室提供一个系统权威的安全指南，同时使学生开展实验前能得到良好的安全知识培训，我们本着"安全第一，预防为主"的原则编写了这本《现代工科实验室安全》。

　　本书的编写力图站在现阶段新工科发展的角度，内容囊括众多理工类实验室可能遇到的各种问题，旨在帮助在实验室工作、学习、参观、访问的人员树立"安全第一，预防为主"的意识，丰富安全知识，养成良好习惯，增强应急处置能力，以共同维护良好的教学科研秩序。书内选取与理工类专业实验室特点联系密切的安全因素，如消防、用电、化学品、特种设备、辐射、生物、激光、信息安全等，介绍其主要危险环节、相应的防范要点以及应急救援方法等知识。包含了十大方面的内容：实验室安全概述、燃烧与爆炸的基本知识、化学品的安全防护、生物安全防护、电气安全防护、放射性安全防护、实验室信息安全、特种设备安全技术、实验室其他安全防护。以期为实验室管理和工作人员提供帮助，也为学生顺利走向工作岗位打下基础。

　　本书兼具理论知识和实操技术，同时免费配套编者团队主讲的国家级平台线上慕课视频及习题库，是一本国内为数不多的集纸质书籍、线上学习、视频讲解于一体的信息化融合型实验室安全教材。可作为理工类相关专业的专科生、本科生、研究生教材，也可作为实验室安全培训的教材，对实验室管理人员也具有参考价值。由于编者水平有限，书中仍不可避免有所疏漏，如需了解更为详细、全面的安全知识，亦可配合本书内容查阅相关的国家法律法规、标准及文献等，敬请批评指正。

谢　晖　陈雪利

2022 年 12 月

目　录

第一章 实验室安全概述

实验室是高等学校进行教学实践和开展科学研究的重要基地，也是学校对学生全面实施综合素质教育，培养学生实验技能、知识创新和科技创新能力的必备场所。实验室安全是高等学校实验室建设与管理的重要组成部分。它关系到学校实验教学和科学研究能否顺利开展，国家财产能否免受损失，师生员工的人身安全能否得到保障，对高校乃至全社会的安全和稳定都至关重要。实验室安全是推进科研活动不断正常向前开展的基本保证。随着我国经济水平的不断提升、高等教育的快速发展，以及相关科研机构和高校科技创新能力的提升，高校实验室的建设规模也在不断扩大。根据中国教育科学研究院不完全统计(截至 2020 年)，目前我国教育部直属高校拥有实验室超过 4000 个，开展实验数量近 20 万个，从这些数据中可以看出，与实验室相关的教学、科研活动日益频繁，与此同时化学品的使用量急剧增加，各类实验过程中危险设备的使用频率相应提高，如高压反应釜、压力灭菌器、辐射源或辐射装置等。在许多化学或生物实验中还需使用剧毒化学品、易制毒化学品、微生物菌种、实验动植物等高风险物品，科研人员与危险化学品和高风险仪器设备高频率接触，稍有不慎就有可能引发灼伤、火灾、爆炸、中毒等各种灾难性事故。另外，化学物质固有的危险性所带来的实验室安全、人员健康和环境问题，如实验室废气、废液、固体废弃物等的排放及其污染问题，也是危害科研人员以及导致公共安全问题日益突出的重要原因。

近十几年来，实验室安全事故引发人员伤亡和财产损失的事件时有发生，为我们敲响了警钟，使人们不得不对实验室安全予以高度的关注和重视。根据美国政府统计数据显示，年均有将近 10000 起事故发生在研究型实验室，造成 2% 的研究人员在事故中受伤。国内专业网站——仪器信息网(https://www.instrument.con.cn/)，针对国内发生的实验室安全事故进行跟踪报道，开设了"实验室安全事故为何如此频发"的专题，用于讨论实验室安全管理问题。根据网站的报道，国内高校实验室自 2010 年至 2020 年间，累计发生安全事故数百起。事故类型主要为爆炸、起火、化学品泄漏、生物感染等，其中爆炸、起火占所有事故的 79%。实验室中的危险化学品、仪器设备和压力容器是引发实验室安全事故的主要危险因素，仪器设备、试剂使用中违反操作规程或操作不当、疏忽大意以及电线短路、老化是导致事故的重要原因。实验室安全事故的发生不仅造成了财产损失、影响了实验室的正常运行，还可能造成多年研发工作停滞、相关研究人员伤亡。

因此，针对实验室安全事故频发的问题，同时为有效对实验室环境安全进行管理，国内外一些政府和非政府组织制定了相应的法律法规和标准以及实验室安全管理的指导建议，力图从制度层面对实验室安全进行管理，为后续实验室安全风险防控提供理论指导和设立第一道防线。例如，美国职业安全与健康管理局颁布的 OSHA Laboratory Standard 29 CFR 1910.1450 是针对实验室人员健康安全管理的早期标准，其对实验室化学品暴露的职业健康安全做出了明确的规定。美国消防协会颁布的标准 NFPA 45 Standard on Fire Protection for Laboratories Using Chemicals，针对化学实验室的防火标准做了专门说明，其中详细介绍了化学实验室防火的行政管理，实验室风险类别，实验室的设计和结构、消防措施，爆炸风险防护，实验室通风系统和通风橱要求，化学品储存、使用和废物处理，可燃和易燃液体、压缩和液化空气的安全使用，特殊实验操作、特种设备的潜在危害识别。此外，美国政府还颁布了一系列其他标准和法规，在实验室管理方面同样可以借鉴，例如《职业安全和健康法案》(29 use 651)、《空气污染物》(29 CFR 1910.1200)、《危险废物管理法》(40 CFR Parts 260～272)、《危险材料运输法》(48USC1801)等。与国外相比，国内也陆续颁布了针对实验室建设的规章制度和标准。1992 年国家教育委员会令第 20 号中的《实验室工作规程》第五章第二十四条规定"实验室要做好工作环境管理和劳动保护工作"；第二十五条规定指出实验室要严格遵守国务院颁发的《化学危险品安全管理条例》及《中华人民共和国保守国家秘密法》等有关安全保密的法规和制度，定期检查防火、防爆、防盗、防事故等安全措施的落实情况，要经常对师生开展安全保密教育，切实保障师生的人身和财产安全。1995 年 7 月教育部《高等学校基础课教学实验室评估办法》出台，内容共 39 条，其评估标准有六大方面，其中第五部分为"环境与安全"，第六部分为"管理规章制度"，上述两部分主要评估实验室的设施及环境措施的安全性，如特殊技术安全、环境保护等。2005 年 7 月 26 日，教育部、国家环境保护总局下发《关于加强高等学校实验室排污管理的通知》。2010 年 1 月 1 日起施行的教育部《高等学校消防安全管理规定》第三十五条规定，学校应当将师生的消防安全教育和培训纳入学校消防安全年度计划。另外，国家也颁布了一系列通用法律法规和标准用于指导实验室的建设，例如《中华人民共和国刑法修正案(六)》《中华人民共和国职业病防治法》《中华人民共和国环境保护法》《中华人民共和国消防法》，以及《危险化学品安全管理条例》《气瓶安全监察规定》《易制毒化学品管理条例》《建设工程安全生产管理条例》等。上述法律法规为实验室的建设，实验室人员的健康安全，实验室化学品的使用、储存和运输，危险源的识别以及环境保护和污染防治的管理提供了指导性建议。

实验室安全作为一门学科，重点研究的是在实验室环境下人、机、环境系统之间的相互作用，教学科研中实验风险所导致的事故和灾害的发生、发展规律，以及防止实验室意外事故发生、保障师生实验安全所需的科学知识与技术方法。本章从实验室安全面临的问题入手，阐述了实验室安全事故的发生缘由、表现形式以及危害类型，实验室安全管理的特点和要求，实验室安全工作的重要意义以及所带来的社会经济效益，提出了加强实验室安全工作的有关对策。

第一节 实验室安全的重要性

一、实验室安全工作面临的问题

随着我国高等教育事业的快速发展，国家对实验室建设的投入大幅度增加，实验室建设无论是从数量上还是从质量上都达到了前所未有的高度。但是，随着高校办学规模和招生数量的不断扩大，对高校实验室资源的开放性、共享性要求也越来越高。进入实验室的人员多、流动性大，实验室安全工作面临的问题也越来越多，实验室安全事故，如火灾、中毒、环境污染等时有发生。

实验室安全事故是指在实验过程中发生的，与人们的愿望相违背的，使实验操作发生阻碍、失控、暂时停止或永久停止，并造成人员伤害或财产损失的意外事件。在实验过程中，人们总会遇到各种来自不同方面的不安全因素的干扰，如果忽视了对不安全因素的防范或对其控制不力，就会发生实验室安全事故。

实验室安全事故主要由"硬件"和"软件"两个方面的问题造成。硬件方面主要指实验室安全设施和装备；软件方面主要指对实验室安全工作的思想认识、安全管理制度的建设及规范操作。

(一)硬件建设方面的问题

1. 规划设计考虑不周，造成安全隐患

由于规划设计人员对各类实验室的功能要求缺乏一定程度的了解，尤其是对一些特殊实验室的特殊要求知之甚少，因此在实验室的规划建设中对设施和装备的安全要求考虑不周，工程设计上存在漏洞，包括人与机械、作业环境之间配合不当等，造成了安全隐患。

2. 基础设施陈旧，线路老化，防火能力低，火灾隐患多

目前，在我国高校内尚有部分实验室用房属于砖木结构，其供电线路老化而用电负荷又很大，私拉乱接线路的问题相当严重，存在不少火灾隐患。此外，一些高校建筑的走廊和室内吊顶采用了泡沫塑料板等易燃材料，这些材料遇火即燃，且会产生大量有毒气体，易使人窒息死亡。

3. 乱设防护门窗，堵塞安全通道

近年来，高校实验室内贵重实验仪器、设备的使用大量增加，为防止这些设备被盗，不少实验室、计算机房普遍加装了钢筋护窗，增设全封闭的金属门，有的甚至将双向通道走廊的一头封闭，改为单向通道走廊。在这样的情况下，一旦发生意外，因通道严重受阻，师生逃生不畅，后果将不堪设想。

4. 安全资金投入不足，安全设施陈旧落后

目前高校对实验室安全的资金投入严重不足，主要表现为以下几个方面。

(1)消防设施配备不足，不少现有设施因陈旧而无法使用。按规定，实验室应配备

固定式灭火系统或移动式消防器具，但因资金缺乏，不少实验室未配备或配备数量不足。已配备的消防设施又因维护不到位，致使其功能丧失，甚至一些高校因供水压力不足而造成高层实验室缺乏消防用水。

（2）实验室用房紧张。一些需要分开存放的物品不能做到分开存放，一些设备的安全操作距离也达不到标准。

（3）环保设施不能满足要求。一些可能产生有毒气体的实验室未配备通风系统，仅用排气扇代替；一些应经过处理才能排放的废水，因设施不完善而放任自流；一些固体废物没有按照国家标准进行处置，作为一般垃圾外运，对社会安全造成隐患。

（4）缺乏应急动力供应系统。一些实验室设备在使用时不能突然停电，否则会造成设备损坏甚至报废，但因资金缺乏而未配备应急供电系统或双环路供电系统。

（5）不少高校因为资金不足没有建立现代化的实验室监控系统，无法有效地做好"四防"（防火、防盗、防破坏、防自然灾害）工作。

（二）软件管理方面的问题

1. 安全观念落后，安全意识不强

在高校中，无论是领导层还是基层都不同程度地存在着重教学科研、轻安全环保的思想；存在着安全工作有投入、无产出，只要现场工作人员注意就出不了大事的麻痹意识。其根本原因就是以人为本的理念尚未真正深入人心，尚未真正认识到实验室安全工作对保障学校发展、创建平安校园、构建和谐社会的重要意义。

2. 安全建设审核制度不完善

在实验室的建设工程设计或改造项目中，对安全功能进行审核的程序和制度还不尽完善，以致某些工程完成之后仍存在着安全隐患。

3. 安全管理体制不健全，安全责任不明

（1）部分高校缺乏全校性实验室安全工作的专门组织体系，难以建立对整个学校实验室安全工作实行全面管理的领导体制，没有落实法定代表人是高校安全第一责任人的要求。

（2）部分院（系）没有设专人负责实验室的安全工作，没有配备专职实验室安全员，无法层层落实管理职责，安全责任不明确。

（3）职能部门缺少专门的科室和专业的技术人员，很难实现对实验室安全的专业管理，与院（系）的实验室安全管理之间缺乏有效的衔接。

4. 制度不严，检查不力，奖罚不明

目前，不少学校的实验室安全管理存在现有制度不严、执行落实不细、检查督促不力、奖罚措施不明的问题。实验室的安全管理不仅要建章立制，更重要的是要落实检查。例如，随着高校招生规模的扩大，实验室工作人员数量明显不足，请临时工到实验室工作或请学生到实验室值班的情况已很普遍，这将使相应的安全措施无法落实。

另外，对实验室安全事故的处理流于形式，往往是大事化小、小事化了了，对实验室安全工作做得好的单位也没有给予鼓励或奖励。

5. 不重视安全教育和培训，相关制度不完善

目前，大多数高校都没有专门的实验室安全教育和培训制度，是否对实验室人员进行专门的安全教育和培训主要取决于实验室负责人对安全问题的认识和态度。加强对实验室安全工作的认识，加大实验室人员的安全培训力度，以及对学生开展这方面的教育已成为实验室安全工作的当务之急，应该列入学校的日常工作之中。

在实际工作过程中，实验室安全事故的发生往往是由于实验室人员和学生对安全防护的认知不足，仅凭经验，或没有养成良好的实验习惯（贪图方便、轻视危险、不按规定操作、懒惰等），或疲劳疏忽，或遇紧急危机时处理能力不足等造成的。因此，加强对实验室人员和学生的安全教育和培训就显得十分重要。

二、开展高校实验室安全工作的意义

高校实验室一旦发生安全事故，将造成人员伤亡、仪器设备损毁、教学科研停滞，使学校、社会以及国家蒙受重大的损失，甚至还可能牵扯其他刑事或民事案件。

实验室安全工作的目的是要建立一个安全的教学和科研环境，减少实验过程中发生事故的风险，确保师生、员工的健康及安全，从而满足人们对安全感的基本需要。

无论从实验室的使用功能，还是从实验室的自身发展来看，我们都应该强调把实验室的安全防范作为实验室管理的基础。"隐患险于明火，防范胜于救灾，责任重于泰山"，因此，做好高校实验室安全工作的意义重大：①它是贯彻以人为本的理念，培养创新人才的需要；②它是高等教育事业又快又好、健康、持续发展的需要；③它是维护国家和人民利益，维护好自身健康与安全的需要；④它是创建平安校园、构建和谐社会的需要。

三、实验室安全工作的宏观任务

实验室安全工作的中心任务是防止实验室发生人员伤亡事故和财产损失事故。加强实验室安全工作的对策主要有以下几点。

(一)加强安全教育，加大宣传力度，营造安全文化氛围

事故的发生有着偶然性和突发性的特点，安全意识的淡薄、安全素质的欠缺、安全行为的背离是导致事故发生的直接原因。因此，加强安全教育、加大宣传力度、营造浓厚的安全氛围是确保实验室安全的重要措施之一。要充分利用各种载体和安全宣传阵地，广泛开展安全教育活动，大力倡导安全文化，在不断创建安全文化建设的活动中，树立安全的价值观念、安全的责任意识，树立"我懂安全、我要安全、我保安全"的思想意识，形成人人重视安全、人人具备安全技能的良好氛围。开展安全教育、安全技能培训、安全维护，以及安全保健、安全知识竞赛等活动。此外，还要加强对实验室人力资源的管理和人员素质的培养。

(二)以人为本，把安全管理落到实处

人既是管理的主体，又是管理的客体，每个人都在一定的管理层面上行使各自的

权利、职责和义务。人是安全工作的决定性因素，以人为本抓安全，才能抓到安全工作的实质。按照科学的人力资源管理理论，每个人都有自身的能量，都能发挥各自的积极性、能动性和创造性，只有充分调动人的积极性，激发人的内在潜力，使每个人主动参与安全管理，形成全员参与、齐抓共管，建立人人要安全、人人管安全的共识，才能确保安全管理的稳定性和有效性。

(三)建立长效机制，促使安全管理制度化、规范化、标准化

建立长效机制是安全管理的关键环节，是引导实验室安全发展的客观要求。建立长效机制，一是要建立和完善实验室安全管理的各项规章制度。二是要构建学校、职能处室、学院、实验室和实验技术人员、实验者的安全管理网络体系，使实验室安全管理横向到边，纵向到底，一层抓一层，一环连一环，层层递进，环环相扣。三是要加强制度的落实与执行的力度。制度是安全保障的基础，严格执行制度才是确保安全的关键。在安全管理中要加大监督、监控、检查、整改和责任追究的力度；在执行层面上要运作规范，依法按章办事，工作落实到点、到位。四是要尽快制定实验室安全运行、安全操作的标准化文件，同时制定以实验室安全运行为目标的、贯穿实验室安全管理全过程的各项详细的、可操作的管理标准，并在管理中严格贯彻和执行。

(四)加大对实验室安全的投入，提高安全设施的科技含量

实验室的安全防护硬件设施和仪器设备的安全运行是保证实验室安全的重要条件。一些实验室安全事故的发生往往是由于安全设施的欠缺或仪器设备运行状态不良所造成的。因此，增加实验室安全投入，加强实验室安全设施的建设和仪器设备的管理，可以将实验室安全事故消灭于萌芽状态。安全经济观认为，预防性安全投入是最经济、最可行的措施之一，是确保实验室安全的重要手段。

(五)依法制定和完善规章制度，加大执法力度

随着时代的进步、科技水平的提高、人们法律意识的不断增强，以及相关实验室标准的制定出台，各高校必须认真审视原先制定的实验室规章制度，摒弃与法律和有关标准相违背的条款，吸纳新的标准和规定。同时。政府主管部门应加大对实验室安全的执法力度。

第二节　从辩证唯物主义角度剖析高校实验室安全

一、唯物辩证法在高校安全管理中运用的必然性

(一)唯物辩证法基本概述

唯物辩证法即马克思主义辩证法。以自然界、人类社会和思维发展的最一般规律为研究对象，是辩证法思想发展的高级形态，也是马克思主义哲学的重要组成部分。它包括联系、发展的观点以及现象与本质、原因与结果、必然与偶然、可能与现实、

形式与内容等一系列基本范畴。它是宇宙观，又是认识论和方法论。

(二)加强校园安全管理工作，营造和谐稳定校园环境

安全是实现高等学校稳定和发展的底线，稳定是高校改革和发展的基础和前提。建设"平安校园"也是高校发展的自身需求，近年来，许多高校的建设已经由"外延扩张"转为"内涵发展"，构建"和谐校园""平安校园"，不仅能让教职工全身心投入到科研、教学和管理工作中，还可让学生安心学习文化理论知识，营造一个和谐稳定的人文环境，促进学校硬件、软件建设协调发展，最终实现学校的全面发展和进步。

(三)高校安全管理需要唯物辩证法的指导

中华人民共和国第十二届全国人民代表大会第四次会议和中国人民政治协商会议第十二届全国委员会第四次会议对高校安全管理工作提出了新的要求，并指出："从家庭到学校、从政府到社会，都要为孩子们的安全健康、成长成才担起责任，共同托起明天的希望。"近年来，高校愈加重视安全管理工作，对于安全管理中的唯物辩证法的运用，是我们面临的新课题和新挑战。在这样的背景下，高校安全管理工作者应从高校安全管理中唯物辩证法的具体方法论入手，以调研高校安全管理中唯物辩证法的运用现状为参考数据，对高校安全管理中唯物辩证法的运用的相关问题进行研究，确保指导理论能够与社会的发展与时俱进。

二、唯物辩证法基本观点在高校安全管理中的运用

(一)用联系的观点克服高校安全稳定工作中的片面性

联系的观点：物质世界是一个普遍联系的统一整体。联系是指事物内部各要素之间和事物之间的相互影响、相互依赖、相互作用。联系是客观的、普遍的，联系的形式是多种多样的。习近平同志指出："我们要用联系的观点抓稳定，正确认识影响社会稳定的新情况、新特点，善于全面分析相互交织在一起的各种政治、经济、文化的因素，妥善把握工作展开的重点、步骤、时机与力度"。马克思主义哲学告诉我们，事物不是孤立的而是普遍联系的，同理，社会矛盾的暴发不是孤立的，而是与许多因素相关联，"蝴蝶效应"即为明证。蝴蝶效应是说在巴西丛林里的一只蝴蝶偶然扇动它的翅膀，就可能会在美国的得克萨斯州刮起一场龙卷风。原因是蝴蝶翅膀的运动可引发身边空气系统的微弱气流，进而引发周边的空气或其他系统的变化，这种连锁式反应最终引致其他系统产生巨变。此效应说明，事物的发展对初始条件极为敏感。

联系的观点对高校稳定工作的启示是，社会、高校、家庭环环相扣、紧密联系，社会与家庭中的矛盾会影响高校师生的心理和行为，如对当前社会存在的个别分配不公、腐败严重、假劣商品盛行、治安状况不佳等问题所引起的各种疑惑及不良情绪，若不能正确引导、冷静对待，容易诱发不稳定因素，甚至家庭琐事也可能会成为破坏高校稳定的诱因。同时，高校的教育、教学、管理、服务环环相扣，紧密联系，任何一个环节的疏忽都可能造成不可估量的后果。如食堂不卫生，饭菜价格高，教师教学

态度恶劣、品行不端，学校管理中存在的"门难进、事难办、脸难看"等问题，如不及时改进，很容易成为校园稳定的隐患所在。

诚然，当前高校所面临的一些不稳定因素，往往不是高校自身所能解决的。如高校毕业生的就业问题，与整个社会经济发展中的结构性矛盾密切相关。高校后勤社会化改革将学校的后勤服务推向了社会，而一旦遇到诸如物价上涨、食品安全等问题时，高校的稳定便会面临考验。这些问题与高校的教学、科研和管理工作虽无直接联系，但仍可能对高校的稳定产生巨大冲击。因此，以往作为社会管理范畴的交通安全、平稳物价、保障就业等社会民生方面的问题，如今也逐渐成为维护高校稳定工作的重要因素。这是由高校稳定工作的社会关联性所决定的，高校早已经不是"象牙塔"，学生亦不可能"两耳不闻窗外事"，学校作为社会大系统中的子系统，绝不是孤立的，而是与社会密切关联的。我们必须利用事物普遍联系的原理、系统的思维方法做好维护高校稳定的工作。

（二）用发展的观点解决高校安全管理中的安全问题

"物质世界是不断发展的世界，运动是宇宙间一切物质的存在方式。发展是指事物由简单到复杂、由低级到高级的运动过程，它的实质是新事物的产生和旧事物的灭亡，发展是客观的，有规律的。"做好高校稳定工作以安全理念为指导。新时期高校的综合改革必须以稳定为前提，倘若没有稳定的大好局面，高校所要深化的内部管理体制改革、教育教学改革等一系列重要的改革举措就无法实现，高等教育事业的科学发展就无从谈起。但是在实际工作中，有些人仍然习惯于以静态稳定的思维方式看待高校改革中出现的矛盾与问题，稍微遇到一点阻力，发生一点小冲突，马上就神经过敏，以稳定为借口拒绝改革。对于因无法预防而发生的不安全、不稳定事件，应进行积极的应对和及时的善后处理，同时结合有效的实验室安全预防措施进一步改进和完成，达成不断迭代优化的实验室安全良性循环体系。

三、唯物辩证法基本范畴在高校安全管理中的应用

（一）内容和形式

"内容决定形式，形式为内容服务，内容必须通过形式表现，形式对内容具有反作用，内容和形式存在于统一体中，不可分割。""唯物辩证法告诉我们，内容和形式是一对矛盾体，形式和内容之间可以有互相促进作用。当形式适合于内容时，它会推动内容发展，反之亦然。"进行安全教育的形式和途径多种多样，但要把安全教育搞活，不仅在形式上要丰富、有吸引力，更要具备较强的针对性和实效性。例如在安全教育的工作上，采取召开不同类型的座谈会、不同主题的动员会，组织学习其他单位事故通报，回顾高校安全事故教训总结经验等丰富多彩的安全教育活动；同时，利用网站、微信公众号、校园宣传栏、形象生动的宣传单等多种途径进行安全宣传教育，这样能最大程度减少受教育者因形式单调而产生的厌倦情绪，进而增强校园安全教育活动的吸引力和实际效果。所谓较强的针对性，是指做到因人而异，因材施教，具体问题具

体分析。例如，针对高校的新生、毕业生、教职工、家属等不同群体采用不同的形式和途径进行安全宣传教育。

(二)现象和本质

"马克思主义哲学中，本质和现象是揭示客观事物内部联系和外在表现之间相互关系的范畴，二者既对立又统一。现象是外在的、个别的、具体的、片面的、丰富的、生动的，而本质则是内在的、一般的、深沉的、单纯的。但是二者又是统一的，没有脱离本质的现象也没有脱离现象的本质，现象是本质的外露和表现，现象背后隐藏着事物的本质，二者不可分割。"在高校安全管理工作中也要透过现象把握本质。以学校定期组织的安全大检查为例，召开动员大会、在现场悬挂安全标语等，采取这些正确的措施不仅可以起到一定的宣传教育作用，也可以体现出安全管理工作者对安全工作的重视，但仅仅依靠这些工作肯定是行不通的，在整个安全管理工作中落实遵章守纪，检查不漏死角，切实排除宿舍、教室、图书馆、实验室、食堂等场所的各类安全隐患才是本质和关键，如果我们仅仅满足于表面现象而忽略了内在本质，校园安全问题是得不到根本解决的。

(三)原因和结果

原因和结果的对立表现在：在特定的界限和范围内，原因和结果具有确定的界限和先后次序，原因就是原因，结果就是结果，既不能混淆也不能颠倒。它们的统一表现在：二者相互依存，相互联系，相互作用，并在一定条件下相互转化。在安全管理工作中应充分利用"有因必有果"的因果关系。引发现象的是原因，由原因的作用而产生的现象是结果。用唯物辩证法因果关系原理抓高校安全、指导高校安全工作，主要可以通过两方面运用到工作实践中：一是在总结经验教训方面；二是在及时分析某些现象可能导致的后果，努力消除可能引发安全事故原因方面。随着科学技术的进步与发展，我们总结经验的手段越来越先进，我们能够认知的事故原因也越来越详细，只有找准原因，认真吸取教训，才能使安全管理工作更有保证。

辩证法分析事物的变化通常分为内因和外因。由此可以看出：预防是重在外因上下功夫，外因对于事物的变化很重要，但是，外因仅仅是事物发生变化的条件，而内因才是事物变化的根本因素。我们重视外部因素的同时，更要重视"内因"，即事物变化的根本因素。如今，人本管理理论因其十分重视对人性的研究、对动机的分析和行为的引导，而得到大力提倡，深入人心。其实，很早以前西方管理学家就建立了需要—动机—行为模式，沿用至今。这一理论的始祖马斯洛从研究中得出需要产生动机，动机导致行为的经典结论。需要是根本因素，也就是内因，结合到高校安全管理工作中，就是该怎样培养师生的安全需求，把高校当前"要我安全"这一被动要求局面转变为"我要安全"的主动促进局面。一个成功的安全管理工作者也应该是安全文化的建设者，所以安全管理工作者应当具备先进的思想理论作为指导。我们应当从根本和思想上加大培养师生对"安全需求"的力度，积极利用安全稳定的内在因素，培育师生在生活中的安全行为习惯。

（四）可能性和现实性

可能性和现实性是对立的：可能性是潜在的、尚未成为现实的东西，现实则是已经存在的东西；可能性与现实性又是统一的：二者相互依存，相互关联，相互渗透，并在一定条件下相互转化。抓安全应有的放矢，高校安全工作涉及全校学生、教师、其他员工及其家属的观念意识、行为纪律、自我管理等许多方面。如果在学校安全工作中把握不好轻重缓急，所有事情一把抓，不仅会影响安全工作的实际效果，还会影响紧急、重点问题的解决。唯物辩证法的原理告诉我们，在安全工作中要注意两个方面：第一，在紧紧围绕当前工作重点的前提下，从实际出发，增强各项安全工作的针对性。第二，通过辩证分析，做好转化、引导和预见性工作。因此，要做好安全工作，主要是创造条件、抓准时机，通过认真分析，预测未来发展的趋势，争取在最有利时段，促进各种不安全因素向安全方向转化，或者防止安全因素向不安全因素转化，从而提前做好各方面的应对工作。

（五）偶然性和必然性

偶然性和必然性是揭示事物的发生、发展和灭亡不同趋势的一对范畴，对立表现在：二者产生的根据不同，在事物发展过程中的地位和作用不同。统一表现在：二者互相依存、互相渗透，在一定的条件可以互相转化、互相过渡。必然性与偶然性是紧密相连的，必然性孕育着偶然性，偶然性则促成必然性。社会危机的必然性要求我们做好日常化、制度化的危机管理，并将其纳入整体发展战略之中；社会危机的偶然性则要求我们注重日常的危机应对经验的学习与积累，注重危机管理技能的掌握与运用，以便在危机发生之时能够化险为夷。人的不安全行为＋物的不安全状态＝事故。任何一次违章事故发生之前，必然有无数次的违章发生，只不过是人的不安全行为没有碰上物的不安全状态。从这个意义上说，校园安全不稳定事件的发生是必然的，但具体在何时、何地、何人身上发生又是偶然的。高校的安全稳定工作因为不稳定状态的必然性，所以必须建立长期性的维稳体制、机制，做到警钟长鸣；因为其偶然性，所以必须制定维稳的应急预案，做到及时有效处置与善后。"在事物发展过程中，偶然性和必然性在一定条件下是可以相互转化的。这种转化通常分为两种：一种是在前一过程中属于偶然性的事件，到后面的过程就可能转化为必然性事件；另一种是在大的范围内属于偶然性的事件，在小的范围内可能变成了必然性事件。"总结在校园内曾经发生过的一些事故，发现其中不乏有一些案例竟是由于各种意想不到的原因引起的。

如今，我国社会、经济正处在"十四五"快速、健康发展的关键时期，加之国际政治、经济情况日益复杂，影响社会稳定的因素越来越多也越来越复杂，随着中国教育事业的迅猛发展，高校的数量和规模也快速扩大，因此，高校校园安全形势将直接影响国家的稳定，高校校园的稳定受到破坏时很容易引发社会动荡不安，所以校园安全问题的解决事关社会稳定、经济发展和国家繁荣之大计。唯物辩证法在高校安全管理中的具体应用是高校安全管理者必须要掌握的重要的方法论。我们只有认真地、切实地将唯物辩证法运用到高校安全管理的实践当中去，才能实现高校安全管理工作质的飞跃，构建出真正让师生放心的"平安校园"，为高校教育教学的发展保驾护航。

第三节 常见安全事故的成因、表现形式及危害类型

任何事物的发生和发展都有其规律可循。实验室安全事故的发生也有其因果性、潜在性、再现性、偶然性和必然性的特点。实验室安全事故总是给人们带来意想不到的损失，人们可以根据事故发生后残留的事故信息，经过分析、判断、推理，得出事故发生的缘由及其过程，并从中学到防范实验室安全事故发生的相关知识，以预防安全事故的再次发生。为此，必须研究清楚实验室安全事故的起因、表现形式以及危害类型，从而探讨各种消除、控制事故发生的方法。

一、实验室安全事故的成因

一般而言，高校实验室安全事故发生的主要原因有：人员操作不慎、粗心大意，实验物品使用不当；仪器设备或各种管线年久失修、老化损坏；不可抗力的自然灾害；恶意侵害行为（如计算机被病毒、黑客攻击等）；监控管理不力（设备被窃、泄密等）。在导致实验室安全事故发生的因素中，人为因素占据了主要地位。安全意识淡薄是导致实验室安全事故发生的重要原因，尤其因个人不安全行为和失误所导致的事故占了很大的比重，因此，尽管实验室安全事故的发生是实验室内人、物、环境诸方面因素综合导致的结果，但是人在事故的发生和预防中起着决定性的作用。

二、实验室安全事故的表现形式

实验室安全事故的表现形式主要有：火灾、爆炸、毒害、机电伤人及设备损坏等。

（一）火灾性事故

火灾性事故的发生具有普遍性，几乎所有的实验室都可能发生。酿成这类事故的直接原因有：①忘记关电源，或在实验过程中，人离开实验室的时间较长，致使设备或用电器具通电时间过久、温度过高，引起着火；②操作不慎或使用不当，使火源接触易燃物质，引起着火；③供电线路老化、超负荷运行，导致线路发热，引起着火；④乱扔烟头，接触易燃物质，引起着火。

（二）爆炸性事故

爆炸性事故多发生在具有易燃易爆物品和压力容器的实验室。酿成这类事故的直接原因有：①违反操作规程，引燃易燃物品，进而导致爆炸；②设备老化，存在故障或缺陷，造成易燃、易爆物品泄漏，遇火花而引起爆炸。

（三）毒害性事故

毒害性事故多发生在使用化学药品和剧毒物质的化学化工实验室和有毒气排放的

实验室。酿成这类事故的直接原因有：①违反操作规程，将食物带进有毒物品的实验室，造成误食中毒；②设备、设施老化，存在故障或缺陷，造成有毒物质泄漏或有毒气体排放不出，酿成中毒；③管理不善，造成有毒物品散落流失，引起环境污染；④废水排放管路受阻或失修，造成有毒废水未经处理而流出，引起环境污染。

(四)机电伤人性事故

机电伤人性事故多发生在有高速旋转或冲击运动的机械实验室，或需要带电作业的电气实验室和有高温产生的实验室。酿成这类事故的直接原因有：①操作不当或缺少防护，造成挤压、甩脱和碰撞伤人；②违反操作规程或因设备、设施老化而存在故障或缺陷，造成漏电、触电或电弧火花伤人；③设备使用不当，造成高温气体、液体伤人。

(五)设备损坏性事故

设备损坏性事故多发生在使用电加热的实验室。酿成这类事故的直接原因是：由于线路故障或雷击造成突然停电，致使被加热的介质不能按要求恢复原来状态而造成设备损坏。

三、实验室安全事故的危害类型

(一)机械危害

机械危害指由机械所导致的伤(灾)害，如扎伤，压伤，焊接强光、噪音、震动造成的伤害，操作错误致使射出、弹出锐件造成的伤害，以及接地不良所造成的触电事件等。

(二)化学品危害

许多化学品具有易燃、易爆、毒性和腐蚀性的特点，容易造成火灾、爆炸，并对人体造成危害。

(三)电气危害

电气危害不仅包括触电事故，还包括雷电、静电、电磁场危害，以及各种电气火灾与爆炸、危及人身安全的电气线路和设备故障等。

(四)辐射危害

辐射包括电磁波辐射和放射性辐射，因其具有高密度的能量，在实验室研究工作中具有很多用途，但其高能量的射线易对人体造成伤害。

(五)生物危害

生物危害指人们在对动物、植物、微生物等生物体的研究中，由于病原体或者毒素的丢失、泛用、转移而引发的对人类健康和赖以生存的自然环境可能造成的不安全事故。如外来物种迁入造成当地生态系统的不良改变；人为造成的环境的剧烈变化危及生物多样性；在科学研究开发、生产和应用中，经遗传修饰的生物体和危险的病原体等可能对人类健康、生存环境造成的危害等。

（六）其他危害

一般工厂所发生的伤（灾）害，如跌倒、摔跤、坠落、碰撞、火灾、粉尘、噪声等，在实验室也同样会发生，一般小伤害均以此类居多。

第四节　实验室安全风险防护

一、实验室常见安全防护用品

安全防护用品指用于防止工作人员受到物理、化学和生物等有害因子伤害的器材和用品。

（一）安全防护用品选择原则

实验室工作人员应根据不同级别安全水平和工作性质来选择个人防护装置并掌握其正确的使用方法。

（二）安全防护用品选择注意事项

(1)个人防护用品应符合国家规定的有关标准。

(2)在危害评估的基础上，按不同级别防护要求选择适当的个人防护装备。

(3)个人防护装备的选择、使用、维护应有明确的书面规定、程序和使用指导。

(4)使用前应仔细检查，不使用标志不清、破损或泄漏的防护用品。

（三）主要安全防护用品

1. 眼部防护（安全镜、护目镜）

护目镜是一种起特殊作用的眼镜，使用的场合不同，所用的眼镜类型也不同。如医院用的手术眼镜、电焊时用的焊接眼镜、激光雕刻中用的激光防护眼镜等。防护眼镜在工业生产中又称作劳保眼镜，分为安全眼镜和防护面罩两大类，其作用主要是保护眼睛和面部免受紫外线、红外线和微波等电磁波的辐射，以及粉尘、烟尘、金属、砂石碎屑和化学溶液溅射的损伤。护目镜的常见样式如图1-1所示。

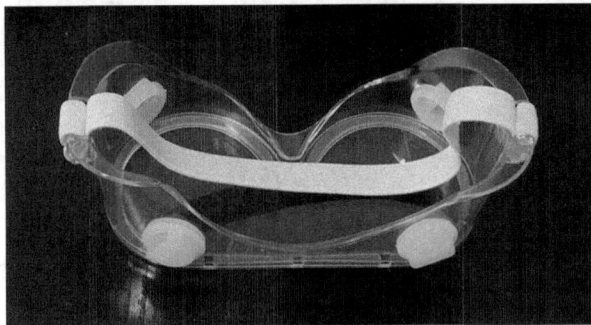

图1-1　常见护目镜样式

护目镜的主要种类及用途如下。

(1)防固体碎屑护目镜：主要用于防御金属或砂石碎屑等对眼睛的机械损伤。眼镜片和眼镜架结构坚固，抗打击。框架周围装有遮边，其上应有通风孔。防护镜片的材质可选用钢化玻璃、胶质黏合玻璃，或者使用铜丝网防护镜。

(2)防化学溶液护目镜：主要用于防御有刺激性或腐蚀性的溶液对眼睛的化学损伤。镜片可选用普通平光镜片，镜框应有遮盖，以防溶液溅入。此类护目镜通常用于实验室、医院等场所，一般医用眼镜即可通用。

(3)防辐射护目镜：用于防御过强的紫外线等辐射线对眼睛的危害。镜片由能反射或吸收辐射线且能透过一定可见光的特殊玻璃制成。镜片镀有光亮的铬、镍、汞或银等金属薄膜，可以反射辐射线；蓝色镜片吸收红外线，黄绿色镜片同时吸收紫外线和红外线，无色含铅镜片吸收 X 射线和 γ 射线。比如常见的电焊眼镜，对镜片的透光率要求相对低得多，所以镜片颜色多以墨色为主；激光防护眼镜，顾名思义，就是能防止激光对眼睛的辐射，对镜片的要求很高，比如对光源、衰减率、光反应时间、光密度、透光效果等的要求都较高。对不同波长的激光防护需要用不同波段的镜片。

2. 头面部及呼吸道防护

(1)口罩：目前实验室常用口罩样式如图 1-2 所示，主要有以下几种。①活性炭口罩：利用活性炭较大的表面积($500 \sim 1000 \text{m}^2/\text{g}$)和较强的吸附性能，将其作为吸附介质制作而成的口罩。②空气过滤式口罩：其主要工作原理是使含有害物质的空气通过口罩的滤料过滤净化后再被人吸入，过滤式口罩是使用最广泛的一类口罩。过滤式口罩的结构应分为两大部分，即面罩的主体部分和滤材部分，滤材包括用于防尘的过滤棉以及防毒用的化学过滤盒等。

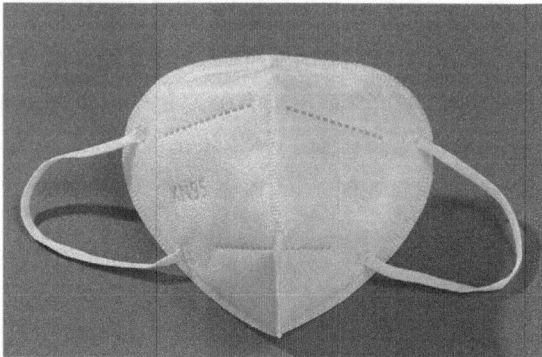

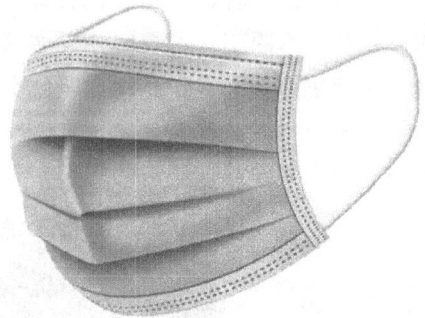

口罩（KN95口罩）　　　　　　　　口罩（一次性医用口罩）

图 1-2　实验室常用口罩

美国国家职业安全与健康研究院(NIOSH)粉尘类呼吸防护标准 42CFR84 于 1995 年公布(根据滤料分类)，防护口罩有以下几个系列。

N 系列：防护非油性悬浮颗粒无时限；R 系列：防护非油性悬浮颗粒及汗油性悬浮颗粒时限为 8 小时；P 系列：防护非油性悬浮颗粒及汗油性悬浮颗粒无时限。

有些颗粒物的载体是有油性的，而这些物质附在静电无纺布上会降低电性，使细小粉尘穿透，因此对于防含油气溶胶的滤料要经过特殊的静电处理，以达到防细小粉尘的目的。所以每个系列又划分了3个水平：95％，99％，99.97％，总计有9小类滤料。此外，欧盟、澳大利亚、日本等国家和组织也制定了相应的滤材标准。我国出台了国家标准 GB6223—86UDC 614.894，也对滤料进行了分类。

（2）防毒面具：实验室常用的主流防毒面具主要包括以下几类（图1-3）。

防毒面具（防剧毒气体）　　　　　　　　防毒面具（过滤式）

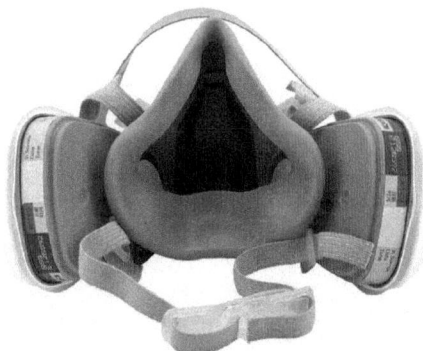

防毒面具（防粉尘）　　　　　　　　防毒面具（防有机气体）

图1-3　实验室常用防毒面具

过滤式防毒面具是一种能够有效地滤除吸入空气中的化学毒气或其他有害物质，并能保护眼睛和头部皮肤免受化学毒剂伤害的防护器材，是消防部队最常用的防毒面具。不同类型的产品其基本结构和防毒原理相同，都是由滤毒罐、面罩和面具袋组成。在使用这种防毒面具时，面具的呼吸阻力、有害空间和面罩的局部作用，可能对人体的正常生理功能造成不同程度的影响。在平时，健康人员尚可忍受，但在一些特殊情况下，就可能给人体带来不良影响。因此，对于不适合戴面具的人员，应根据人员自身病情限制或禁止其使用防毒面具；患心血管疾病、呼吸系统疾病、高血压、肾脏病者以及贫血者等，应尽量缩短佩戴时间。

隔绝式防毒面具是一种可使呼吸器官完全与外界空气隔绝，并且其中的储氧瓶或产氧装置产生的氧气可供人呼吸的个人防护器材。隔绝式防毒面具与滤过式防毒面具相比的优点是，能有效地防止各种浓度有毒物质、放射性物质和致病微生物的伤害，并能在缺氧或含有大量一氧化碳及其他有害气体的条件下使用。隔绝式防毒面具的缺点是较笨重，使用方法复杂，容易发生故障，价格较贵。根据供氧方式不同，隔绝式面具可分为带氧面具和产氧面具两种。带氧面具的基本原理是人吸入钢瓶中经过减压的高压氧，呼出气体中的二氧化碳和水蒸气被清洁罐中的氢氧化钙或石灰吸收，剩余的氧气又重新回到气囊中被再次利用。氧气用完以后更换氧气瓶，清洁罐失效时可换新的清洁罐。目前我们使用的带氧面具主要是氧气呼吸器，钢瓶中贮存可利用的压缩氧气，一次有效使用时间为 40 分钟到 2 小时。产氧面具的基本原理是利用人呼出的水汽和二氧化碳与面具内的生氧剂发生化学反应，产出氧气供人呼吸。这种面具产氧罐内的生氧剂主要有超氧化铀或超氧化钾，其反应如下：$4NaO_2 + 2H_2O \rightarrow 4NaOH + 3O_2$，$4NaO_2 + 2CO_2 \rightarrow 2Na_2CO_3 + 3O_2$。产氧面具的重量比带氧面具要轻些，使用也较简便。

3. 躯体防护

躯体防护装备主要有实验服、隔离衣、连体衣等。实验服（图 1-4）指在实验时用于保护身体和里面衣服的工作服，一般都是长袖、及膝，颜色一般为白色，故亦称白大褂。白大褂的面料一般为棉或麻，以便于用高温水洗涤。

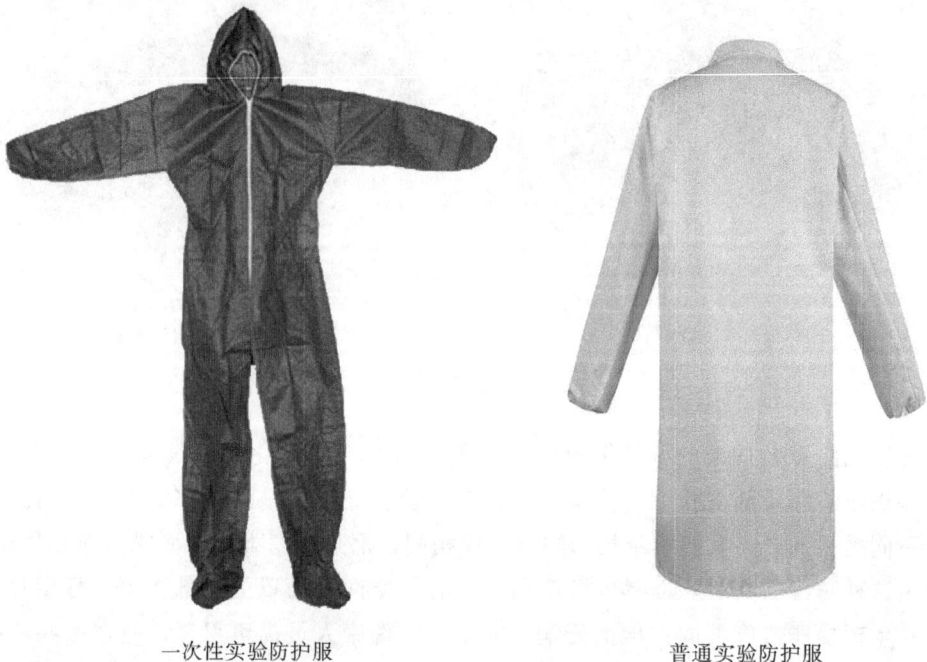

一次性实验防护服　　　　　　　　普通实验防护服

图 1-4　常见实验防护服样式

4. 手、足防护（手套、鞋套）

根据手套的材质和制作工艺，可将手套分为 A 级、B 级和 C 级，A 级是质量最好的手套。在包装装箱前，手套必须经过100％的漏气检验，有针眼的手套将被剔除。A级手套针眼率最低，B级和C级的针眼率则依次提高，使用过程中的安全系数依次降低，可给使用者带来潜在的安全隐患。实验室常用手套样式如图1-5所示。在实验过程中，会根据不同实验过程选择合适的手套，以达到有效保护实验人员手部的目的。PVC手套分级标准：A级品，手套表面无破洞(有粉PVC手套)粉量均匀，无明显粉状，颜色呈透明乳白色，无明显墨点、杂质，各部位尺寸及物理性能均符合要求。B级品，轻微污点，小黑点(1mm≤直径≤2mm)3个，或小黑点(直径≤1mm)数量较多，变形，有杂质(直径≤1mm)，颜色稍黄，有严重指甲印、裂纹，手套的各部分尺寸、物理性能不符合要求。

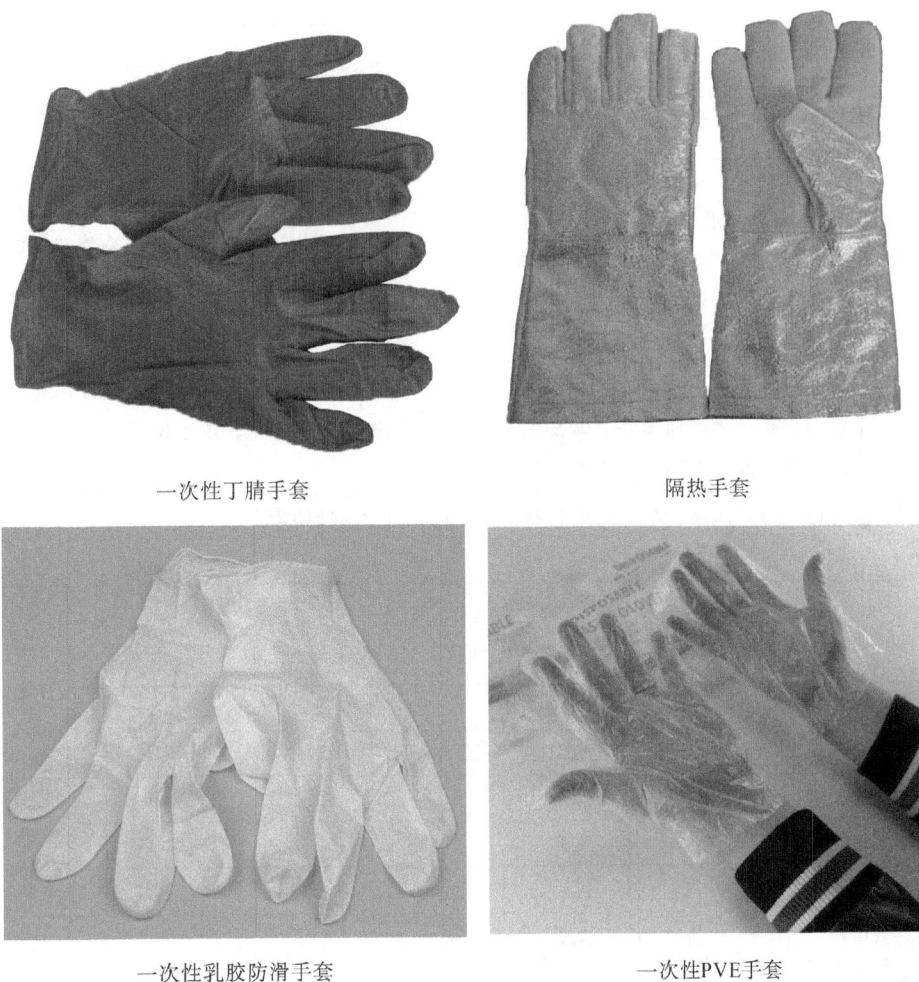

一次性丁腈手套

隔热手套

一次性乳胶防滑手套

一次性PVE手套

图1-5 各类常用实验室手套样式

(1)手套种类及特性比较，见表1-1，1-2。

表 1-1　各类手套优缺点比较

材质	优点	缺点
天然橡胶	成本低、物理性能好，重型款式具有良好的防切割性，以及出色的灵活性	对油脂和有机化合物的防护性较差，有蛋白质过敏的风险。易分解和老化
丁腈橡胶	成本低、物理性能出色，灵活性良好，且耐划、耐刺穿、耐磨损和耐切割性能出色	对很多酮类、一些芳香族化学品及中等极性化合物的防护性能较差
PVC	成本低，物理性能良好，过敏反应的风险最低	有机溶剂会洗掉手套上的增塑剂，在手套聚合物上产生分子大小不同的"黑洞"，从而可能导致化学物质的快速渗透
PVA	非常坚固，有高度的耐化学性；物理性能良好，耐划破、耐刺穿、耐磨损且耐切割	当接触到水和轻质醇时会很快分解；与很多其他耐化学性手套相比不够灵活；成本高昂
氯丁橡胶	抗滑性良好。对油性物、酸类（硝酸和硫酸）、碱类、广泛溶剂（如苯酚、苯胺、乙二醇）、酮类、制冷剂、清洁剂的抗氧化性极佳。物理性能中等	抗钩破、切割、刺穿，耐磨性不如丁腈橡胶或天然橡胶。不建议用于芳香族有机溶剂的防护，价格较高
丁基橡胶	可作为手套箱、厌氧箱、培养箱、操作箱的作业使用。灵活性好，对于中等极性有机化合物，如苯胺、苯酚、乙二醇、醚、酮和醛等，具有出色的抗腐蚀性	对碳氢化合物、含氯烃和含氟烃等非极性溶剂的防护性较差；成本昂贵
皮革手套	对冷、热、火花飞溅、磨损、割、刺穿可进行一般性防护	
布手套	用于一般性防护	

表 1-2　各种材质手套防化性能表

防化性能	手套材质					
	天然橡胶	丁基橡胶	氯丁橡胶	PVC	PVA	丁腈橡胶
有机酸	好	好	优秀	好	差	优秀
无机酸	优秀	优秀	优秀	优秀	优秀	—
腐蚀物质	优秀	优秀	优秀	好	差	好
醇类（甲醇）	优秀	优秀	优秀	优秀	一般	优秀
芳香族（甲苯）	差	一般	一般	差	优秀	差
石油馏出物	优秀	一般	优秀	差	优秀	优秀
酮类	一般	优秀	好	不推荐	一般	一般
油漆稀释剂	一般	一般	不推荐	一般	优秀	一般

防化性能	手套材质					
	天然橡胶	丁基橡胶	氯丁橡胶	PVC	PVA	丁腈橡胶
苯	不推荐	不推荐	不合适	不推荐	优秀	一般
甲醛	优秀	优秀	优秀	优秀	差	一般
乙酸乙酯	一般	好	好	差	一般	一般
脂肪	差	好	优秀	好	优秀	优秀
苯酚	一般	好	优秀	好	差	不推荐
磨损	—	好	一般	好	好	优秀
刺	优秀	好	优秀	一般	优秀	优秀
热	优秀	差	优秀	差	一般	一般
抓握（干）	优秀	一般	好	优秀	优秀	好
抓握（湿）	好	一般	一般	优秀	优秀	一般

（2）手套选择与使用中的注意事项。

手套合适与否、使用的正确与否，都直接关系到手的健康。在选择与使用过程中要注意以下几点：选用的手套要具有足够的防护作用；手套使用前，尤其是使用一次性手套前，要检查有无小孔或破损、磨蚀，尤其要检查指缝处；使用中不要将污染的手套任意丢放；摘取手套一定要注意方法正确，防止将手套上沾染的有害物质接触到皮肤和衣服上，造成二次污染；不要共用手套，共用手套容易造成交叉感染；戴手套前要洗净双手，脱掉手套后也要洗净双手，并擦护手霜以补充天然的保护油脂；戴手套前要治愈或罩住伤口，防止细菌和化学物质进入血液；不要忽略皮肤的红斑或痛痒、皮炎等情况，如果手部出现干燥、刺痒、水疱等，要及时请医生诊治。

5. 耳部防护（听力保护器等）

听力保护器常见的有耳塞和耳罩两大类，样式如图 1-6 所示。

实验耳罩

实验耳塞

图 1-6 实验室常见耳塞、耳罩类型

耳塞是可以插入外耳道的有隔声作用的装备。按材料的不同分为：泡棉和预成型两类。泡棉耳塞使用发泡型材料，压扁后回弹速度比较慢，允许有足够的时间将揉搓细小的耳塞插入耳道，耳塞慢慢膨胀将外耳道封堵起来以达到隔声的目的。预成型耳塞由合成类材料(如橡胶、硅胶、聚合酶等)制成，预先模压成某些形状，可直接插入耳道。

耳罩的形状像普通耳机，用隔声的罩子将外耳罩住，耳罩之间用有适当夹紧力的头带或颈带将耳罩固定在头上，也可以将插槽与安全帽配合使用。

二、实验室常见安全防护设备

(一)通风橱、通风柜

通风橱最主要的功能是排气，其样式和主要组成部件如图 1-7 所示。

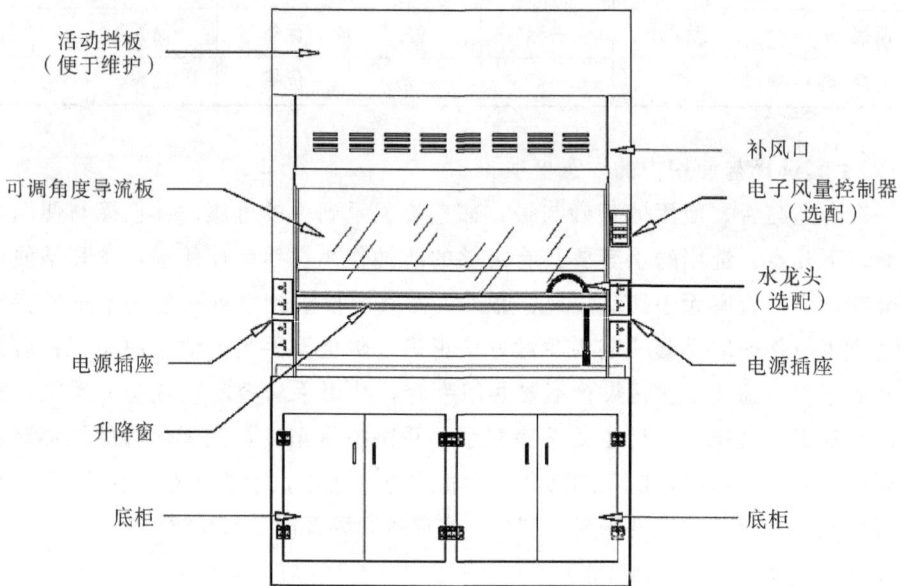

图 1-7　通风橱的基本结构

在化学实验的操作过程中会产生各种有害气体、臭气、湿气以及易燃、易爆、腐蚀性物质，为了保护实验人员的安全，防止实验过程中的污染物向实验室扩散，在污染源附近要使用通风柜。化学实验室要求通风柜应具有如下功能。

(1)释放功能：应具有将通风橱内部产生的有害气体吸收柜外气体稀释后排除室外的功能。

(2)防倒流功能：由通风橱排风机产生的气流可阻止橱内由实验产生的有害气体进入室内。

(3)隔离功能：在通风柜前面应设有不滑动的玻璃视窗将通风柜内外进行分隔。

(4)补充功能：应具有在排出有害气体时，从通风柜外吸入空气的通道或替代装置。

(5)控制风速功能：为防止通风柜内有害气体逸出，通风柜需要有一定的吸入速度。通常规定，一般无毒的污染物的吸入速度为 0.25～0.38m/s，有毒或有危险的有害物的吸入速度为 0.4～0.5m/s，剧毒或有少量放射性的污染物的吸入速度为 0.5～0.6m/s，气状物的吸入速度为 0.5m/s，粒状物的吸入速度为 1m/s。

(6)耐热及耐酸碱腐蚀功能：通风柜内有时要安置电炉对实验物品进行加热，部分实验中由加热产生的大量有毒有害气体具有极强的腐蚀性。

通风柜的台面、衬板、侧根及选用的水嘴、气嘴等都应具有防腐功能。在通风橱使用过程中，需遵守以下规则和注意事项。

1)用前应检查电源，以及给排水、气体等的开关和管路是否正常。

2)打开照明设备，检查视光源及柜体内部是否正常；打开抽风机，约 3 分钟内，静听运转是否正常。依以上顺序检查时，如有问题，需立即暂停使用，并通知保养单位处理。

3)关机前，抽风机应继续运转几分钟，使柜内废气完全排出；使用后应将柜体内外擦拭清洁，并关闭各项开关及视窗；在实验室内，即便不使用通风柜也要时常通风，这对实验人员的身体健康有益。

4)通风柜在使用时，每 2 小时进行 10 分钟的补风(即开窗通风)，超过使用时间要敞开窗户，避免室内出现负压；使用通风柜时，视窗高度离实验台面高度应不高于通风柜高度的 1/3。

5)移动上下视窗时，操作要缓慢，以免门拉手伤到手；实验过程中，视窗离台面的距离以 100～150mm 为宜。

6)通风柜的操作区域要保持畅通，通风柜周围避免堆放物品。不使用通风柜时，其台面也应避免存放过多试验器材或化学物品。

7)禁止在未开启通风柜时在其内做实验；禁止在做实验时将头伸进通风柜内操作或查看；禁止在通风柜内存放易燃、易爆物品或进行相关实验；禁止将移动插线板或电线放在通风柜内；禁止在通风柜内开展国家禁止使用的有机物质与高氯化合物混合实验；禁止在没有安全措施的情况下将化学品放置在通风柜内实验，一旦出现化学物质的喷溅，应立即切断电源。

(二)紧急喷淋洗眼器

紧急喷淋洗眼器的构造既包含喷淋系统，又包含洗眼系统。其主要适用于大型石油化工企业、科研院所、疾病预防控制中心等单位，实物如图 1-8 所示。

1. 使用方法

(1)眼部伤害：取下冲眼喷头防尘罩，压下冲眼喷头阀门，将眼部移到冲眼喷头上方，根据出水高度调节眼部与出水喷头的距离。在眼部移至冲眼喷头出水上方时，喷出的水应清澈；冲洗时眼睛要睁开，眼珠来回转动；连续冲洗时间不得少于 15 分钟，后再及时就医治疗。

(2)躯体伤害：脱去污染的衣物，取下冲眼喷头防尘罩，压下冲眼喷头阀门冲眼。冲洗时不得隔着衣物；连续冲洗时间不得少于 15 分钟，后再根据实际情况决定是否就

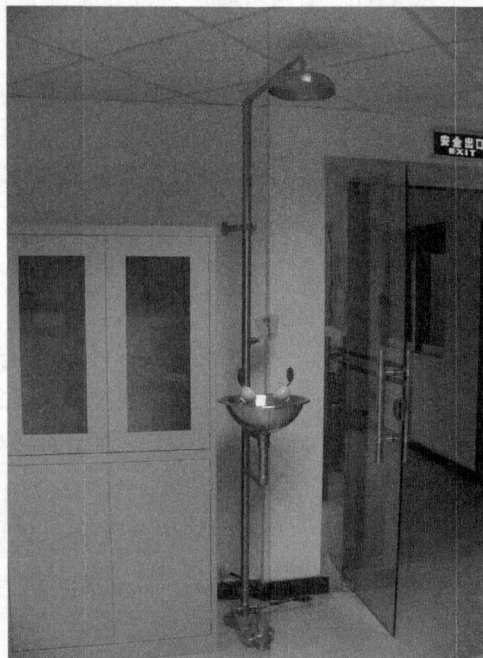

图 1-8　紧急喷淋洗眼器实物图

医治疗。

2. 安装和使用要求

(1)应将该装置安装在危险源头的附近，最好是在人们10秒内能够快步到达的区域范围内，直线到达洗眼器的距离以10~15m为宜，避免越层救护。

(2)在洗眼器1.5m半径范围内，不应设置电气开关，以免发生电器短路。

(3)洗眼器必须连接饮用水，严禁使用循环水或工艺水。

(4)进水口管径不小于25mm，以确保出水量。

(5)洗眼器只作为发生事故时的应急使用，严禁在常规情况下使用。

(6)器具放置点旁严禁悬挂、堆放物品。

(7)供水总阀必须常开，不得关闭。在安装洗眼器的周围，需设置醒目的标志。清洗前必须进行清洁确认，并且清除所有障碍。

(8)喷淋头每次开启至少持续5~10分钟；眼部和脸部的清洗至少持续15分钟。

第五节　实验室安全应急管理

一、建立实验室应急预案所涉及的问题

(一)实验室安全事故应急管理存在的问题

(1)实验室管理规定与应急预案的混淆。实验室在正常运行后，各主管单位根据安

全管理的要求，制定相应的实验室管理规定，以保证实验室日常的正常运行，但该类规定仅仅停留在管理层面，在实验室出现安全事故时，实验室使用人员不能依照管理规定进行事故处置，往往出现不知所措、任由事故蔓延发展的情况，使原本可以控制的局面无限度扩大，造成不必要的财产损失甚至人身伤害。

(2)应急预案的建设不全面，缺乏演练。相关管理制度建设完备的实验室根据事故的发生情况，或已建立了相应的应急预案，但有些应急预案却过于简单，内容甚至只是以电话号码为主。有些应急救援预案虽已进行了宣传并对相关人员进行了培训，但主要的演练项目仅局限于火灾事故的演练，对化学实验室日常接触的危险化学品中有毒有害物质引发的安全事故未能开展有效的演练。

(3)部门之间信息交流缺乏沟通。从实际情况来看，学校各实验室、部门之间信息交流不畅，致使相关人员对实验室潜在的危险不能完全掌握，特别是对于危险品相对集中的实验室，该类问题尤为突出。因此，在安全事故发生时，救援效率低，信息传递的速度慢，对危险事故的监控自动化程度低，发生事故后所造成的损失也更大。

(4)缺少应急管理宣传力度。目前，针对科研人员的安全培训仅局限在安全教育或者已发生的安全事故的警示，较少从安全事故预防的角度进行宣传教育和有效的应急演练，从而导致在实验室从事科研的人员缺少详细、全面的应急救援知识，对事故应急处置能力较差。

(二)构建实验室安全事故应急管理体系需考虑的问题

(1)应急工作组织系统。科研机构构建实验室应急管理体系时，首先应成立安全事故应急领导小组，该小组是处理实验室安全事故(事件)的最高指挥机构。小组成员主要由科研机构领导和相关职能处室负责人组成，以确保事故发生后，整个安全事故的处理能够在领导小组统一高效的指挥下完成，避免事故责任的推卸以及处置时部门之间的相互推诿。安全事故应急领导小组的主要职责是：指挥和协调实验室安全事故(事件)应急处置工作；组织制定和完善应急预案，决定应急预案的启动和终止；组织分析研究实验室安全事故(事件)有关信息，对处理过程中的重要举措做出决策；组建应急救援队伍，配备应急救援设施、器材，审批重大事件应急救援费用；向政府有关部门和应急机构等社会力量寻求援助；接受上级机关的领导，请示并落实上级指令，审定并签发递交上级机关的报告，审定对外发布的信息。实验室安全应急预案启动后，领导小组自动转为应急救援指挥中心。应急救援指挥中心的职责是进行事故现场应急处置的指挥和协调；根据应急预案及现场需要，调动应急救援力量和资源(包括人员、设备、物资、交通工具等)，根据现场情况调整救援抢险方案；若事故得不到有效控制，决定是否提升应急响应级别；核实应急终止条件，应急处置工作完成后做好总结。

(2)实验室安全事故预警系统。实验室安全事故预警系统可帮助人们做好实验室危险源的辨识和风险评估，确定安全事故潜在危险源的种类和危险等级，明确标示危险源的空间和地域分布，人们可依据相关安全法规和技术标准强化对危险源的严格管理，采取针对性的预防措施，防止安全事故的发生并控制事故发生后危害范围的扩大。实验室安全事故预警系统应明确实验室、相关科研人员的安全职责，建立从实验室责任人到具体实验操作人员的全方位安全责任制,认真落实实验室安全管理制度,加强应急反应机制的长效管理,在实践中不断修订和完善实验室安全应急预案。定期开展对相关危险源的检查工作,并在危险要害部位安装摄像头或检测装置,实现对重大危险源的实时监测。做好应对实验室突发安全事件的人力、物力和财力的储备工作,确保实验室安全事故应急所需设施、设备的完好、有效。在危险要害部位,设置明显的安全警示标志。对潜在的事故隐患,依照应急管理预案规定的信息报告程序和时限及时上报,对可能引发实验室安全事故的重要信息及时进行分析、判断和决策,并及时发布预警信息,做到早发现、早报告、早处置。在确认可能引发某类事故的预警信息后,应根据已制订的应急预案及时部署、迅速通知或组织有关部门采取行动,防止事故发生或事态的进一步扩大。

(3)实验室应急响应系统。实验室事故类型多,危险源也多。根据危险源种类及分布情况,将实验室安全事故归纳为危险化学品事故、实验室火灾事故、实验室辐射(放射)事故、实验室生物安全事故、机械和强电相关事故等。为提高实验室安全事故应急处置效率和能力,当确认安全事故即将或已经发生后,实验室直接管理人员应根据事故的等级和类别做出合适的应急响应。主要流程如图1-9所示。

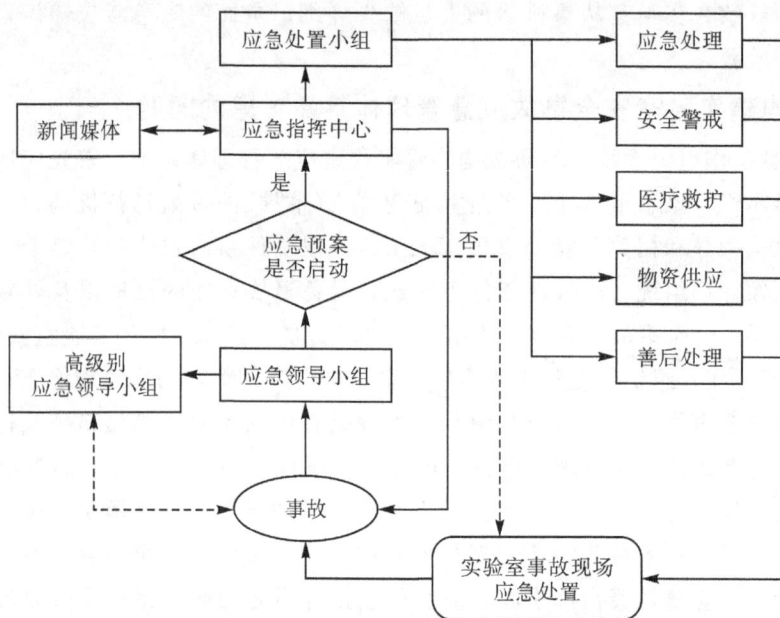

图1-9 实验室突发事故应急处置流程

第一,当确认实验室安全事故即将或已经发生后,实验室直接管理人员应根据事故等级和事故的类别立即做出响应,启动应急预案,成立现场指挥小组。

第二,各应急处置工作小组应立即调动有关人员赶赴现场,在现场指挥小组的统一指挥下,开展工作。

第三,如事故和险情未能得到有效控制,现场指挥小组应立即提高响应级别,并及时向上级主管部门报告。

第四，根据事故和险情的变化与发展，及时向上级主管部门报告情况，适时通过媒体发布有关信息，正确引导舆论。

第五，参加重大事故应急处置的工作人员，应按照预案的规定，采取相应的保护措施，并在专业人员的指导下进行工作。当事故险情得到有效控制、危害被基本消除、受困人员全部脱离险境、受伤人员得到基本救治、次生危害被排除后，由指挥中心宣布应急救援结束；重特大事故，应取得上级主管部门同意后，方可宣布应急救援结束。

(4)后期处置系统。

第一，应急恢复。在事故和险情得到有效控制后，各部门应根据领导小组指挥，积极采取措施和行动，尽快使科研活动和实验室环境恢复至正常状态。

第二，善后处置。实验室及室内设备在事故发生后若遭到严重损坏，必须进行全面检修，并经检验合格后方可重新投入使用。对严重损坏、无维修价值的设备应当予以报废。安全事故中，如有毒性介质、生物介质和病毒泄漏的，应当经环保部门和卫生防疫部门检查并出具意见后，方可进行下一步修复工作。需按国家有关规定做好人员的安抚、理赔工作，并提供心理及司法援助。

第三，调查与评估。事故应急处置完成后，实验室管理部门需立即对事故的原因进行调查，询问事件或事故的当事人，记录事件或事故发生时的状态，填写事故调查单。事故处理后要分析事故发生过程，吸取教训并提出改进措施，以进一步完善和改进应急预案。

二、化学实验室事故应急预案

针对前文实验室安全事故应急预案的相关介绍，以化学实验室为例，介绍应急预案主要涵盖的内容。在实际工作中，可参考本章节灵活制定应急预案，特别是应根据实验室的管理规模以及可能出现事故的等级，在充分考虑上述主要系统构建要素的基础上，制定组织结构合理、操作切实可行的安全事故应急预案。

(一)成立实验室应急组织机构、明确职责

以实验室为单位成立实验室安全事故应急领导小组。领导小组的主要职责如下所述。

(1)组织制定安全保障规章制度。

(2)保证安全保障规章制度有效实施。

(3)组织安全检查，及时消除安全事故隐患。

(4)组织制定并实施安全事故应急预案。

(5)负责现场急救的指挥工作。

(6)及时、准确报告安全事故。应急电话号码：火警为"119"，匪警为"110"，医疗急救为"120"。

(二)实验室突发事故应急处理预案

1. 实验室火灾应急处理预案

(1)发现火情，现场工作人员应迅速报告并立即采取处理措施，防止火势蔓延。

（2）确定火灾发生的位置，并判断火灾发生的原因，如是否因压缩气体、液化气体、易燃液体、易燃物品、自燃物品等引发。

（3）明确火灾周围环境，判断是否有重大危险源分布及是否会带来次生灾难。

（4）明确救灾的基本方法，并采取相应措施，按照应急处置程序采用适当的消防器材进行扑救。若为木材、布料、纸张、橡胶以及塑料等固体可燃材料引发的火灾，可采用水冷却法灭火，但对珍贵图书、档案应使用二氧化碳、卤代烷、干粉灭火剂灭火。由易燃或可燃液体、易燃气体和油脂类等化学药品引发的火灾，应使用大剂量泡沫灭火剂或干粉灭火剂灭火。由带电电气设备引发的火灾，应切断电源后再灭火，因现场情况及其他原因，不能断电，需要带电灭火时，应使用沙子或干粉灭火剂灭火，不能使用泡沫灭火剂或水。由可燃金属，如钛、钾、钠及其合金等引发的火灾，应使用特殊的灭火剂，如干沙或干粉灭火剂等灭火。

（5）依据可能发生的危险化学品事故类别、危害程度级别，划定危险区，对事故现场周边区域进行隔离和疏导。

（6）视火情拨打"119"火警求救，并到明显的位置引导消防车。

2. 实验室爆炸应急处理预案

（1）实验室发生爆炸时，实验室负责人或安全员应在其认为安全的情况下及时切断电源和管道阀门。

（2）所有人员应听从临时召集人的安排，有组织地通过安全出口或用其他方法迅速撤离爆炸现场。

（3）由应急预案领导小组负责安排抢救工作和人员安置工作。

3. 实验室中毒应急处理预案

实验过程中若实验人员感觉咽喉灼痛、嘴唇脱色或发绀，胃部痉挛或恶心、呕吐，则可能是中毒所致。视中毒原因实施下述急救措施后，应立即将中毒人员送往医院治疗，不得延误。

（1）首先将中毒者转移到安全地带，解开其领扣，让中毒者吸入新鲜空气，使其呼吸通畅。

（2）误服毒物中毒者，须立即引吐、洗胃及导泻，若患者清醒且能合作，宜饮大量清水引吐，亦可用药物引吐。对引吐效果不好者或昏迷者，应立即送医院用胃管洗胃。孕妇应慎用催吐的方法救援。

（3）重金属盐中毒者，可喝一杯含有约 30g $MgSO_4$ 的水溶液，然后立即就医。禁服催吐药，以免引起危险或使病情复杂化。坤和氯化物中毒者，必须紧急就医。

（4）吸入刺激性气体中毒者，应立即将患者从中毒现场转移，给予 2%～5%碳酸氢钠溶液雾化吸入，并吸氧。气管痉挛者应酌情给予解痉药物雾化吸入。应急人员一般应配置过滤式防毒面罩、防毒服装、防毒手套、防毒靴等。

4. 实验室触电应急处理预案

触电急救的原则是在现场采取积极措施保护伤员的生命。

（1）触电急救，首先要使触电者迅速脱离电源，越快越好，触电者未脱离电源前，救护人员不得用手直接触及伤员。使伤者脱离电源方法：①切断电源开关；②若电源开关较远，可用干燥的木棍、竹竿等挑开触电者身上的电线或带电设备；③可用几层干燥的衣服将手包住，或者站在干燥的木板上，拉触电者的衣服，使其脱离电源。

（2）触电者脱离电源后，应视其神志是否清醒采取不同的急救措施，神志清醒者，应使其就地躺平，严密观察，嘱其暂时不要站立或走动；如神志不清，应使其就地仰面躺平，且确保气道通畅，并按照 5 秒的时间间隔呼叫伤员或轻拍其肩膀，以判定伤员是否意识丧失。禁止摇动伤员头部呼叫伤员。

（3）抢救的伤员应立即就地坚持用人工心肺复苏法正确抢救，并设法联系校医务室接替救治。

5. 实验室化学灼伤应急处理预案

（1）强酸、强碱及其他一些化学物质，具有强烈的刺激性和腐蚀作用，发生化学灼伤时，应使用大量流动清水冲洗，再分别用低浓度的（2%～5%）弱碱（强酸引起的化学灼伤）、弱酸（强碱引起的化学灼伤）进行中和。处理后，再依据情况而定，做下一步处理。

（2）化学物质溅入眼内时，应在现场立即就近用大量清水或生理盐水彻底冲洗。每一层实验室楼层内应备有专用洗眼水龙头。冲洗时，眼睛置于水龙头上方。水向上冲洗眼睛，时间应不少于 15 分钟，切不可因疼痛而紧闭眼睛。处理后，再送眼科医院治疗。

第六节　实验室安全管理的特点及内容

一、实验室安全管理的特点

保障实验室安全的核心是安全管理措施必须落实到位。实验室安全管理到位是防止实验室安全事故发生的关键所在。高校实验室安全管理具有多样性、复杂性、综合性、服务性的特点。

（一）多样性

根据学科和专业的特点，高校一般会设置规模、层次、性质不同，种类繁多的实验室。如生物实验室、化学实验室、电子实验室、机械实验室、放射性同位素实验室、网络实验室等。由于实验室各自的特殊性，其安全防护的要求也不尽相同。根据不同实验室制定有针对性的、切实可行的安全技术与安全管理办法是维护实验室安全的前提条件。

（二）复杂性

实验室的安全管理不仅是对仪器设备、安全技术和环境的管理，也是对人的管理。仪器、环境、安全技术、人等方面所潜藏着的众多安全隐患是造成安全事故的重要因素。如用水、用电、用气的安全，仪器设备的操作安全，致病微生物、危险化学品、剧毒物品、放射性物质的存储与使用安全。师生的安全意识、行为，实验操作流程的规范与否，安全设施的性能等都会对实验室安全带来影响。由此可见，实验室的安全管理涉及实验室管理工作的方方面面，具有复杂性，必须实现对整个实验室管理系统的监管和控制。

（三）综合性

实验室的安全管理是一项系统工程。实验室的安全管理、平安校园的建设涉及面广、管理难度大、综合性强，不仅涉及实验室内部的管理体系，还涉及实验室外部的管理体系。因此，需要各级参与、层层负责、相互协调、共同合作。要全方位和全员化落实实验室安全责任制，形成一个齐抓共管的良好氛围，才能将实验室安全管理工作真正落到实处。

（四）服务性

实验室的安全，直接关系到师生的切身利益，关系到学校的稳定与发展，关系到平安校园的打造。安全是否得到保障取决于管理与服务职能是否得到充分的发挥。实验室的安全管理不只是单纯的管理，还需体现它的服务性。随着管理模式的转变，即由经验型管理向科学型管理、单纯型管理向服务型管理转变，注重以人为本的理念，争创安全的优质服务，成为实验室安全管理的重要特征之一。管理是服务的方法和手段，服务则是管理的目的，服务是根本。强化服务意识，坚持服务宗旨，提供优质服务，才能真正确保实验室的安全。

二、实验室安全管理的内容

为保证实验室工作有序进行，不同学科的实验室都有自己安全管理的内容和要求，以下所述为一些共性内容，各实验室可根据自己的实际情况参考执行。

（一）建立实验室规章制度

实验室规章制度包括实验室安全制度，危险化学品管理制度，生物安全管理制度，放射性安全管理制度，废弃物与排污管理制度，菌、毒种及细胞系保管制度，保密制度等。

（二）制定有关操作规程

相关操作规程包括仪器与设备的使用，通用的检验技术与方法，专用的检验技术与方法，动物及动物室的管理，试剂及溶液的配制与管理等。此外，还要建立质量保证体系，加强对仪器设备、实验室设施、实验室建筑、操作间、实验动物和档案资料等的管理，建立健全人员培训机制。

第七节　实验室安全效益

从学校大局来看，实验室安全是构建和谐、平安校园的重要组成部分；从教学、

科研角度来看，实验室安全是确保教学、科研活动正常开展的前提；从人性化的角度来看，实验室安全是维护人员生命安全和健康的根本所在；从经济学的角度来看，实验室安全是保证办学效益的基本保障。实现实验室安全和实验活动过程的安全，保安全、争效益是建设平安校园的价值反映。将"安全是最大的效益"贯穿于实验室建设与管理的全过程，建立安全保障体系，才能确保实验室安全效益的稳定与发展。

一、实验室安全效益的含义

实验室的安全效益是指以合理、科学的安全投资，提供符合实验室环境、实验活动和人员生命健康需求的安全保障。从安全效益的表现形式来看，安全的主要功能体现在两个方面：其一是保障人的身心健康与生命安全，减少财产的损失；其二是维护和保障系统功能（如实验室的功能）使之充分发挥作用。安全效益包括安全的经济效益与社会效益两个部分。

安全的经济效益是指通过安全投入所实现的安全条件，可在实验过程中保障装备技术的功能，并提高其为社会经济发展带来利益的潜能；安全的社会效益是指安全条件的实现，对国家和社会发展、学校教学科研活动的正常开展，以及家庭、个人的健康幸福所起的积极作用。

二、实验室安全效益的特点

实验室是学校开展实验教学、科学研究和生产研发的重要场所，其安全效益的特点如下所述。

（一）间接性

实验室安全效益不是直接的物质生产活动，其可通过减少事故造成的人员伤亡与财产损失来体现，同时，它的作用体现在保护了人的生命健康以及教学、科研中所使用的技术或设备，促进了学校教学、科研的发展，在保障教学、科研活动的顺利进行中间接创造经济效益。

（二）迟效性

安全效益的迟效性表现为安全的减损（伤亡和财产损失）作用。安全投资的回收期长，它不是在安全措施运行之时就能体现出来的，而是在事故发生时才能表现出其价值和作用。但是安全工作必须做到前面，以防患于未然，而不是发生事故后再来亡羊补牢。

（三）长效性

安全措施所发挥的作用和体现的效果往往是长期的，不仅仅在措施的功能寿命期内有效，即便在措施失去功能之后，还会持续或间接发挥作用，如实验室的环保措施、防辐射的对策、安全教育和安全技能培训等都能发挥长久的作用。

（四）多效性

实验室安全有了保障，实验活动就能有序、有效地顺利开展；确保了人员的身心健康，工作效率就会提高。实验室安全有了保障可减少人员伤亡和财产损失，体现社会和经济的双重效益。

（五）潜在性

安全所创造的效益大多并不能从其本身的功能中显现出来，而是潜伏于安全过程和安全目的的背后，安全效益推动了教学、科研工作的正常开展。从形式上分析，其所直接体现的意义并不是只有经济方面，而是隐含在实现维护人的身心健康、生命安全和减少财产损失的目标过程中。

总之，实验室安全工作与学校的教学、科研紧密相连，与学校的每一个人息息相关，负责实验室安全工作的领导必须具有以人为本的理念，重视对实验室建设的投入，加强对实验室安全的管理。全校师生要共同合作，全力发现实验室中存在的安全隐患，自觉遵守实验室安全规章制度，共同创造一个安全愉快的教学、科研和学习环境。

第二章　燃烧与爆炸的基本知识

火灾和爆炸是实验室的主要安全隐患。因此，在确保实验室安全的各项工作中，预防实验室火灾和爆炸的发生是首要工作。本章主要介绍燃烧与爆炸的相关知识及实验室火险隐患成因及安全防护，为防止火灾与爆炸事故的发生、保障人身安全提供理论基础。

第一节　燃烧的基本知识

一、燃烧的定义及相关理论

燃烧是一种同时有热和光发生的剧烈氧化反应。从化学角度讲，一切燃烧均是氧化反应，但氧化反应并不都属于燃烧反应。燃烧反应具有如下三个特征：它是一个剧烈的氧化反应；放出大量热；发出光。

近代燃烧理论认为，燃烧是一种游离基的连锁反应，即多数可燃物质的氧化反应不是直接进行的，而是经过游离基团和原子等中间产物的连锁反应进行的。

（一）燃烧反应中的活化能与活化概率

物质分子间发生化学反应的首要条件是互相碰撞。在标准状况下，$1cm^3$ 气体分子在 1 秒内约可发生碰撞 1029 次，但相互碰撞并不一定发生反应，只有少数具有一定能量的分子在碰撞时才发生反应，这种分子称为活性分子。活性分子所必须具有的能量称为活化能。

根据气体分子运动学说，气体分子在不断地、无次序地运动，运动速度有高有低，因此能量就有大有小。能量大小还有一定比例，是由麦克斯韦（Maxwell）气体分子运动的速度分布公式确定的。

如在氢与氧的燃烧反应中，活化能为 $2.5 \times 10^4 J/mol$，在 27℃时，只有十万分之一的分子才具有反应所需的活化能，这些分子才能进入反应。由于进入反应的分子数较少，不能引起燃烧或爆炸。但如果继续加热，使温度升高（或用点火源），这种活性分子就相应增加，反应速度加快，就有可能发展成燃烧或爆炸。一般化学反应的速度随温度增加而加快，如温度每增加10℃，反应速度可加快2～4倍。

在明火接近氢和氧分子时，由于火焰的高温，会使气体分子活化，促使更多的氢和氧起反应，反应产生的热量又继续活化其他分子，这样就引发了燃烧或爆炸。燃烧或爆炸的反应均为放热反应，吸热反应是不会引起燃烧或爆炸的。

所以，燃烧反应的发生前提是必须有一定数量的活性分子，而活性分子是受到热、光、电或其他能源的影响而产生的。另外，不同的可燃物与助燃物发生的燃烧反应、所需活化能有高有低，因此燃烧条件就有难有易。

(二)过氧化物理论

物质分子在各种能量(热能、辐射能、电能、化学反应能等)的作用下可被活化。在燃烧反应中，首先是氧分子在热能的作用下被活化形成过氧键—O—O—，这种基团与被氧化分子结合就成为过氧化物。过氧化物是强氧化剂，不仅能氧化易形成过氧化物的物质，而且也能氧化其他较难氧化的物质。

因此，过氧化物是可燃物质被氧化的最初产物，是不稳定的化合物，在受热、摩擦、撞击等情况下能分解甚至引起燃烧或爆炸。许多有机溶剂，如乙醚、四氢呋喃、二氧六环等，在空气中就易发生过氧化反应，长时间被蒸馏时在残渣中更易形成过氧化物而导致自燃或爆炸。所以，在蒸馏这些溶剂时，应注意是否有过氧化物的产生，如果有，则应以适当方法将其除去。饱和碳氢化合物也容易发生过氧化反应。而且随着分子量的增加，氧化所需的温度有所降低。如甲烷在400℃以上才能发生氧化，而乙烷在400℃时就能够强烈氧化，己烷在300℃以上、正辛烷在250℃时就已经氧化。一般芳香族化合物的氧化温度比饱和碳氢化合物要高，如苯在500℃以上才发生氧化反应。

(三)连锁反应理论

连锁反应理论认为，气态分子间的作用不仅仅是两个分子的作用，而是首先生成活性粒子自由基，自由基与另一分子反应，产生新的自由基，新的自由基又迅速参与反应，如此进行下去成为一系列的连锁反应。任何连锁反应都包含链的起始、链的传递(包括支化)与链的终止。

连锁反应分直链反应和支链反应两种，氢和氯的反应是典型的直链反应。直链反应的基本特点是：①自由基与价饱和分子反应时自由基不消失，且每一个自由基与分子反应时只生成一个新的自由基；②自由基(或原子)与价饱和分子反应时活化能很低。

氢和氧反应是典型的支链反应，在支链反应中，每个链反应的自由基可以生成一个以上的新的自由基，即反应前后自由基数量增加，在支链反应中，自由基数目呈指数规律迅速增加，而反应物浓度急剧下降，从而使反应速度加快。

链的起始，需要有外来能源的激发，使分子被破坏生成自由基。链的传递(包括链支化)，即自由基与分子反应，是反应的不断复制与延续。链的终止，是自由基引向消失的反应。

在连锁反应中，反应系统所处的条件(如温度、压力、杂质)及容器的材料、大小、形状等，都能影响反应的速度，当达到一定条件时，就会发生爆炸。所以应用链锁反应理论，可以解释很多燃烧和爆炸现象。

二、燃烧的分类

燃烧现象按其发生时瞬间的特点，可分为着火、自燃、闪燃三种。

(一)着火

可燃物质受到外界火源直接作用而持续燃烧的现象叫作着火。着火是我们日常生活中常见的一种燃烧，用火柴点燃稻草、煤等都属此类。

可燃物质开始持续燃烧所需的最低温度叫作该物质的着火点或燃点。几种常见可燃物质的燃点如表 2-1 所示。

表 2-1 几种常见可燃物的燃点

物质名称	燃点/℃	物质名称	燃点/℃	物质名称	燃点/℃
松节油	53	棉花	150	豆油	220
樟脑	70	蜡烛	190	烟叶	222
赛璐珞	100	布匹	200	粘胶纤维	235
橡胶	130	麦草	200	无烟煤	280～500
纸	130	硫	207	涤纶纤维	390

(二)自燃

可燃物质在没有外界热源直接作用下受热或在常温下自行发热，由于散热受到阻碍使温度上升，当达到一定温度时，便发生自行燃烧的现象称为自燃。可燃物质无须与点火源直接接触，就能发生自行燃烧的最低温度称为自燃点。几种常见可燃物质的自燃点如表 2-2 所示。

表 2-2 几种常见可燃物的自燃点

物质名称	自燃点/℃	物质名称	自燃点/℃	物质名称	自燃点/℃
黄磷	34～35	二硫化碳	102	重油	380～420
三硫化四磷	100	乙醚	170	亚麻仁油	343
赛璐珞	150～180	溶剂油	235	棉籽油	370
赤磷	200～250	煤油	240～290	桐油	410
松香	240	汽油	280	花生油	445
锌粉	360	石油沥青	279～300	菜籽油	446
丙酮	570	柴油	50～380		

自燃按其热源不同又可分为受热自燃与自热燃烧两种。

1. 受热自燃

可燃物质在外部热源的间接作用下，使温度升高到自燃点着火燃烧的现象称为受热自燃。

在实验室中发生受热自燃的原因有：可燃物靠近电热器、油汀等热源；油浴温度过高；可燃物烘烧过度；机械运转失常，缺少润滑油，摩擦生热；电气设备过载，线路老化等。

2. 自热燃烧

某些物质在没有任何外来热源的作用下，由于自身原因发生化学（分解、化合等）反应、物理（辐射、吸附等）效应或生物（细菌发酵等）作用等过程而产生热量，这些热量在适当的条件下逐渐积累，使温度上升到自燃点而使该物质自行燃烧的现象叫作自热燃烧，如煤的自燃。

（三）闪燃

当火焰接近可燃液体时，其表面的蒸汽与空气混合会发生一闪即灭的燃烧，这种燃烧现象叫作闪燃。闪燃是可燃液体的特征之一，它是短暂的闪火，不能持续燃烧。这是因为液体在该温度下蒸发速度较慢，且新的蒸汽还未来得及积聚，使得表面积聚的蒸汽一瞬间烧尽，一闪即灭。

液体表面上的蒸汽刚足以与空气发生闪燃的温度叫闪点。同一液体的饱和蒸气压随温度的升高而增大，当温度稍高于闪点时，可燃液体随时都有接触火源而被点燃的危险，故闪点是液体引起火灾危险的最低温度。可燃液体的危险性是按闪点进行分类的，我国对可燃液体的分类分级见表2-3。

表2-3 液体根据闪点的分类分级

种类	级别	闪点/℃	举例
易燃液体	I	$T \leqslant 28$	汽油、甲醇、乙醇、苯、甲苯、丙酮、二硫化碳等
	II	$28 < T \leqslant 45$	煤油、丁醇等
可燃液体	III	$45 < T \leqslant 120$	戊醇、柴油、重油等
	IV	$T > 120$	植物油、矿物油、甘油等

其中，闪点低于15℃的易燃液体属化学危险品，在使用、储存、运输时都有特殊的安全要求。几种常见液体的闪点见表2-4。

表2-4 几种常见液体的闪点

液体名称	闪点/℃	液体名称	闪点/℃	液体名称	闪点/℃
汽油	58～10	二氯乙烷	8	松节油	30
二硫化碳	45	甲醇	9.5	丁醇	35
乙醚	-45.5	乙醇	11	正丁醇	46
丙酮	17	醋酸丁酯	13	乙二醇	112
苯	-15	醋酸戊酯	25	甘油	176.5
甲苯	1	煤油	28～45	桐油	239
醋酸乙酯	1	二乙胺	28	冰醋酸	40

三、燃烧的形成

(一)燃烧必须具备三个条件

(1)可燃物质：包括气体、液体、固体可燃物。

(2)助燃物质：氧或氧化剂。为了可燃物完全燃烧，必须源源不断地供应助燃物质。

(3)点火能源：要使可燃物与助燃物发生化学反应，必须具有足够的点火能量。

点火能源主要有以下几种：明火、电气火花、摩擦、撞击火花、静电火花、化学反应热、高温表面、雷击火花、日光聚焦和绝热压缩等。

没有可燃物质，燃烧就失去了基础；没有氧或氧化剂，就构不成燃烧反应。但是，即使有了可燃物质和氧或氧化剂，若没有点火能源把可燃物质加热到燃点以上，燃烧反应也不能开始。因此，必须同时具备这三个条件，燃烧才能进行，所以称它们为燃烧的三要素。

但是，有时即使燃烧的三要素都具备，燃烧也并不一定发生，这是因为可燃物、助燃物、点火能源都存在极限值。如果可燃物的浓度不够，或助燃物的量不足，或点火能源没有足够的温度和热量，不能把可燃物加热到它的燃点以上，那么燃烧就不能进行。例如，正常大气中氧的容积为21％，燃烧后氧含量会逐渐降低，当降到14％时，本来燃烧着的木块也会熄火，要使燃烧继续进行下去，燃烧区必须要有源源不断的新鲜空气输入。电焊火星的温度可达1200℃，完全可以点燃气体或蒸汽的爆炸性混合物，但如果落在木块上，就不一定引起燃烧，这是因为木块的点火能量大大高于气体混合物的点火能量，火星的温度虽高，热量却不足，所以不能引燃木块。

因此，一切实验室的防火和灭火措施，都应根据物质的特性和现场的条件而定，消灭燃烧条件中的任何一个，燃烧便会终止。

(二)燃烧的过程、不同形式与速度

1. 燃烧的过程

大多数可燃物质的燃烧是在气态状态下进行的。可燃物质的集聚状态不同，其燃烧过程也有差异。

固体的燃烧，如硫、磷、石蜡等的燃烧，受热时先熔化，而后变为蒸汽；还有些物质受热后先分解成气态和液态产物，再变为蒸汽。液体受热后即可变为蒸汽。当这些气体或蒸汽遇到空气中的氧就开始发生氧化反应，持续加热到燃点便会出现火焰而燃烧。燃烧时产生的热量可使可燃物继续熔化、分解、蒸发、氧化、燃烧。只要助燃物源源不断地供应，燃烧就会一直进行到可燃物烧尽为止。而对于气体，只需外界提供氧并将其加热到燃点，就可在极短的时间内全部烧光。因此，气体的燃烧最容易进行。

2. 燃烧的不同形式

可燃物质由于存的状态不同，其在空气中燃烧的形式也不相同，大致可分为以下四种。

(1)扩散燃烧：如氢、乙炔等可燃性气体在空气中的燃烧，一般为可燃性气体从管

口流出与空气互相扩散，一边混合，一边燃烧。这种形式的燃烧称为扩散燃烧。

（2）蒸发燃烧：为可燃液体的燃烧方式，通常液体本身并不燃烧，而是由液体受热所产生的蒸汽与空气混合而燃烧。这种形式的燃烧称为蒸发燃烧。

（3）分解燃烧：很多固体和无挥发性液体由于加热分解产生了可燃气体而使其燃烧，这种燃烧称为分解燃烧。

（4）表面燃烧：有些固体，如木材，热分解后剩下碳和灰，碳化表面与空气接触点燃后，在接触面上会发生燃烧，这种燃烧是在固体表面进行的，称为表面燃烧。金属的燃烧就属此类。

前面三种形式的燃烧，即可燃物是气体、液体或固体的燃烧的本质仍是可燃气体或蒸汽的燃烧。这些燃烧都要依靠气体扩散来进行，故均有火焰产生。但是表面燃烧则不同，它一般不产生火焰，是固体可燃物直接参与燃烧。木材的燃烧是分解燃烧和表面燃烧交替进行的过程。

3. 燃烧速度

可燃物质的燃烧速度与它的形态、被加热的速度、体积大小及空气的供给程度有关。

(1)气体的燃烧不像固体、液体那样要经过熔化、蒸发等过程，所以燃烧速度很快。可燃气体的燃烧速度，常以它在管道中燃烧时火焰的直线传播速度来表示，单位为 m/s。气体的组成不同，其燃烧速度也不相同，一般在 0.1～10m/s 之间，如甲烷-空气最高燃速为 0.35m/s，此时甲烷浓度约为 10%；氢-空气燃速为 2.7m/s，氢气浓度接近 40%；而氢-氧燃速为 9m/s，氢气浓度约为 70%。

(2)液体的燃烧速度有两种表示方法，一种是以 1m² 面积上 1 小时燃烧掉液体的质量来表示，叫作质量速度；另一种是用 1 小时燃烧掉液体层的高度来表示，叫作直线速度。液体的燃烧速度取决于液体的蒸发快慢。可燃液体的闪点越低，越易蒸发，燃烧速度越快。一般液体的燃烧初始速度较慢，随后达到最大值而稳定下来。几种常见易燃液体的燃烧速度见表 2-5。

表 2-5　几种常见易燃液体的燃烧速度

液体名称	燃烧速度		密度/(kg·m³)
	直线速度/(cm/h)	质量速度/[kg/(m²·h)]	
苯	18.9	165.37	0.875
乙醚	17.5	125.84	0.715
甲苯	16.08	138.29	0.86
航空汽油	12.6	91.98	0.73
车用汽油	10.5	80.85	0.71～0.73
二硫化碳	10.47	132.97	1.27
丙酮	8.4	66.36	0.79
甲醇	7.2	57.6	0.8
煤油	6.6	55.11	0.835

（3）固体的燃烧速度一般慢于可燃气体和可燃液体。这是因为固体燃烧时要经过熔化、蒸发和分解等过程。但也有个别物质如赛璐珞、硝化纤维素等由于本身含有不稳定基团，遇热极易分解，所以燃烧比较剧烈，燃烧速度也很快。同一种固体可燃物质的燃烧速度还取决于燃烧的比表面积，即燃烧的表面积与体积之比越大，则燃烧速度越快。

第二节　爆炸的基本知识

一、爆炸的定义与分类

爆炸是指一个物质从一种状态转化为另一种状态，并在瞬间以机械功的形式放出大量能量的过程。爆炸现象一般具有如下特征：①爆炸过程进行得很快；②爆炸点附近的瞬间压力急剧升高；③发出响声；④周围介质发生震动或物质遭到破坏。

按照物质发生爆炸的原因和性质不同，可将爆炸分为化学爆炸、物理爆炸和核爆炸三类。

实验室常见的爆炸主要为前两类。

1. 化学爆炸

化学爆炸是由物质发生高速放热的化学反应，产生大量气体并急剧膨胀做功而形成的爆炸现象。化学爆炸前后，物质的性质和成分均发生根本的变化。化学爆炸必须同时具备以下三个条件：①反应是放热的；②反应速度极快；③反应过程中放出大量气体。

2. 物理爆炸

物理爆炸是由物理变化造成的，爆炸过程只发生物态变化。这种爆炸是因物质状态或所受压力发生突变等物理变化而形成的。如容器内因液体过热气化而引起的爆炸，锅炉爆炸，压缩气体、液化气体超压引起的爆炸等都属于物理爆炸。物理爆炸前后，物质的化学成分及性质均无变化。

二、爆炸极限

可燃气体或蒸汽与空气组成的混合物并不是在任何比例下都是可燃可爆的，而且混合比不同，燃烧速度（火焰蔓延速度）也不同。由实验得知，混合物中可燃气体含量接近化学计算量时，燃烧速度最快。若含量增加或减少，火焰蔓延速度就降低；当浓度高于或低于某一极限值时火焰便不再传播蔓延。可燃气体或蒸汽在空气中刚足以使火焰蔓延的最低浓度称为该气体或蒸汽的爆炸下限（或着火下限）；刚足以使火焰蔓延的最高浓度称为爆炸上限（或着火上限）。可燃物浓度在下限以下及上限以上的混合物都不会着火或爆炸。这是因为爆炸下限以下的混合物中含有过量的空气，由于空气的冷却作用，或者说自由基的湮灭数大于产生数，可阻止火焰蔓延；在上限以上，含有过量的可燃气体，空气(主要是氧气)十分不足，火焰也不能蔓延。但此时若有空气补充进来，仍有爆炸的危险，故上限以上的混合物不一定是安全的。

爆炸极限常以可燃气体或蒸汽在混合物中所占的体积百分数表示，但有时也用 g/m^3 或 mg/L 表示。部分可燃气体和蒸汽的爆炸极限如表 2-6 所示。

表 2-6 部分可燃气体和蒸汽的爆炸极限

分类		可燃性气体	分子式	分子量	自燃点/℃	爆炸极限(V)/%		爆炸极限/(mg/L)	
						下限	上限	下限	上限
碳氢化合物	环状	苯	C_6H_6	78.1	538	1.4	7.1	46	230
		甲苯	C_7H_8	92.1	552	1.4	6.7	54	260
其他有机化合物	含氧	氧化乙烯	C_2H_4O	44.1	429	3	80	55	1467
		乙醚	$(C_2H_5)_2O$	74.1	180	1.9	48	59	1480
		甲醛	CH_3CHO	44.1	185	4.1	55	75	1000
		丙酮	$(CH_3)_2CO$	58.1	538	3	11	72	270
		乙醇	C_2H_5OH	46.1	423	4.3	19	82	360
		甲醇	CH_3OH	32.0	464	7.3	36	97	480
		醋酸戊酯	$C_7H_{11}O_2$	130.0	394	7.1	—	60	—
		醋酸乙酯	$C_4H_5O_2$	88.1	427	2.5	9	92	330
		吡啶	C_7H_3N	79.1	482	1.8	12.4	59	410
		甲胺	CH_3NH_2	31.1	430	4.9	20.7	63	270
		二甲胺	$(CH_3)_2NH$	45.1	—	2.8	14.4	52	270
		三甲胺	$(CH_3)_3N$	59.1	—	2	11.6	49	285
	含卤素	氯乙烯	C_2H_3Cl	62.5	—	4	22	104	570
		氯乙烷	C_2H_5Cl	64.5	519	3.8	15.4	102	410
		二氯乙烷	$C_2H_4Cl_2$	99.0	414	6.2	16	256	66

第三节　实验室火险隐患成因及安全防护

一、引起实验室火灾的原因

(一)易燃易爆危险品引起火灾

在化学实验中，各种化学危险物品使用极为普遍，种类繁多。这些物品性质活泼、稳定性差，有的易燃，有的易爆，有的可自燃，有的性质相抵触，相互接触即能发生着火或爆炸，在储存和使用中，稍有不慎，就可能酿成火灾事故。

(二)明火加热设备引起火灾

实验室里常使用煤气灯、酒精灯或酒精喷灯、电烘箱、电炉、电烙铁等加热设备和器具，使实验室发生火灾的危险性提高。煤气灯加热过程中，若煤气漏气，易与空气形成爆炸性混合物。酒精则易挥发、易燃，其蒸汽在空气中能爆炸。电烘箱若运行时间长，易出现控制系统故障、发热量增多、温度升高等现象，造成被烘烤物质或烘箱附近可燃物自燃。例如，某学院因使用电烘箱时停电，没有切断电源，来电后烘箱连续通电数小时无人管理，加之控温设备失灵，烘燃了烘箱附近的可燃物质造成了一场重大火灾事故。加热电炉引发火灾的原因在于：被加热物料外溢的可燃蒸汽接触热电阻丝；或容器破裂后可燃物落在电阻丝上；或绝缘被破坏、受潮后线路短路或接点接触不良产生电火花，引起可燃物着火。其中高温电炉的热源极易引燃周围的可燃物。

(三)违反操作规程引起火灾

化学实验室经常进行的回流、萃取、重结晶等典型操作，都以危险性高为重要特点。若操作者没有经验，工作前没准备，操作不熟练或违反操作规则，不听劝阻或未经批准擅自操作等，均易诱发火灾爆炸事故。据近百起实验室火灾事故的调查结果表明：电气设备引起的火灾占 21%；易燃溶剂使用不当引起的火灾占 20%；各种爆炸事件引起的火灾占 13%；易燃气体或自燃所致的火灾各占 7% 与 6%。其中 71% 的事故是由实验室工作人员工作失误、操作不慎所致；56% 的起火发生在下午 6 时至第二日清晨 6 时；89% 的事故是由于没有必要的灭火器具、无法及时扑灭火源而酿成的。

(四)电气火花引起火灾

短路、过载、接触不良是产生电气火花的主要原因。

(1)电气设备、电气线路必须保证绝缘良好，特别要防止生产场所高温管道损坏电缆绝缘外层，避免发生短路；电缆线应穿管保护防止破损；生产现场电器检修时应断开电源，防止发生短路。

(2)合理配置负载，禁止乱接、乱拉电源线。保持机械设备润滑，消除运转故障，防止电机过载现象发生。

(3)经常检查导线连接、开关、触点，发现松动、发热应及时紧固或修理。

（4）使用易燃溶剂的场所应按照溶剂的危险特性使用防爆电器（含仪表），防爆电器应符合规定级别、安装应符合要求。有时防爆电器密封件松动、绝缘层腐蚀或破损等，可能存在不易被发现的电气火花，这常常是有机溶剂、可燃气体发生火灾、爆炸事故的原因。

（五）静电火花引起火灾

电阻率较高的有机溶剂在流动中与器壁发生摩擦或溶剂的各流动层之间相互摩擦，摩擦时存在电子得失产生静电积聚，当积聚的电量形成一定的高压时就会放电产生火花。有机溶剂输送流动中流速过快可能产生静电积聚和高压放电；反应设备内部有机溶剂及物料搅拌速度过快、过激烈易产生静电积聚和高压放电；有机溶剂与有机绝缘材质的管道、容器、设备之间特别容易发生静电积聚和高压放电；有机溶剂进料时从上口进入容器设备冲击容器底部或液体时很容易发生静电积聚和高压放电；含有机溶剂的物料采用化纤材料过滤时施压过大易发生静电积聚和高压放电；传动设备的皮带上容易发生静电积聚和高压放电；离心机刹车制动过猛可能发生静电积聚和高压放电；作业人员穿化纤、羊毛、丝绸类服装容易发生静电积聚和高压放电。预防静电的措施如下。

（1）尽可能选择不易产生静电的溶剂，从源头上解决问题。

（2）可以通过增加溶剂的含水量或增添抗静电添加剂，如无机盐表面活性剂等，使溶剂的电阻率降低到 $10^6 \sim 10^8 \, \Omega \cdot cm$ 以下，这样有利于将产生的静电导出。

（3）静电接地是化工生产中普遍采用的重要防静电措施。所有金属设备、容器、管道、构架都可以通过采用静电接地措施及时消除带电导体表面的静电积聚，但是该方法对非导电体是无效的。

（4）在容易引起火灾、爆炸的危险场所，人体产生的静电不可忽视。操作者工作时不应穿化纤、丝绸服装和毛衣，应穿防静电工作服、帽子、手套和工作鞋，在工作场所也不能穿脱衣物。场所应设人体接地棒，工作前操作者应赤手接触人体接地棒以导出人体静电。人体在行动中产生的静电需要通过场所地面导出，因此场所地面应具有一定的导电性或洒水使地面湿润增加导电性。作业场所地面一般不能做成环氧树脂地面。

因化学实验室中经常使用易燃易爆的有机溶剂，所以在实验室的多发事故中，火灾的发生率最高。因此，实验室必须采取必要的防火安全措施，以防止火灾的发生。

二、应对火险隐患的安全管理

（一）一级试剂的管理

一级试剂是指闪点不大于 25℃ 的试剂，如苯、甲醇、丙酮、石油醚、乙酸乙酯等（闪点指可燃液体的蒸汽与空气形成混合物后和火焰接触时闪火的最低温度）。实验室的火焰口装置应远离一级试剂，若实验室中存有较大量上述试剂时，应贴有"严禁火种""严禁吸烟"等醒目标志。放置这类物品的房间内不能有煤气灯、酒精灯及可产生电火花的任何电气设备，室内应有通风装置。使用一级试剂或进行产生有毒有害气体的实验时，应远离火源，在通风橱内进行，通风橱应由防火阻燃材料制成。储存一级试剂时，必须将容器口密封，置阴凉通风处保存。

(二)危险品库的管理

实验操作室内仅能存放少量实验需要的试剂或有机溶剂，不可贮存大量的化学危险品，化学危险品应存放在危险品库内。危险品库内禁止进行实验工作，不得穿带钉子的鞋入内。危险品库应由专人保管，保管人员须经常检查在库危险品的储存情况，发现泄漏应及时处理。库内严禁吸烟，禁止明火照明。废旧包装不得在库内存放。搬运危险品时严禁滚动、撞击。

(三)实验过程中的防火安全

实验室内必须避免产生电火花。所有电气开关、电插座等必须密封，使电火花与外部空气隔绝。冰箱内不得存放无盖的试剂。实验室内严禁吸烟。易自燃物质应存放在防火、防爆贮存室内。日光能直射进房间的实验室必须备有窗帘，日光能照射到的区域内不放置加热时易挥发、易燃的物质。

(五)消防设施的管理

灭火器等消防设施应存放在实验室门口附近，便于取用。实验室内应备有紧急淋浴装置、救火用的石棉毯子等设施。实验室所有人员应掌握各种消防设施的使用方法、发生火灾时的应急措施，知晓实验室紧急出口等。

三、灭火器的发展及常用种类

灭火器是一种便携式灭火工具，其内装满化学物品，用以扑灭火灾，是常见的防火设施之一，存放在公众场所或可能发生火灾的地方。不同种类的灭火器内装填的成分不一样，是专为不同的火灾起因而设，使用时须注意避免产生反效果或引起危险。

世界上第一支灭火器诞生于1834年，由英国人乔治·威廉·曼比发明，他青年从军，官至上尉，任雅茅斯兵营的长官。早先，他热衷于船难救助，发明过裤形救生圈，也是第一个提出用灯塔闪射识别信号的人。以后，曼比把他的天赋从海洋救助转向火灾救生事业中。发生火灾的时候，他正在进行防火服的实验。他最卓越的首创性的贡献是他发明了手提式压缩气体灭火器。他把灭火器放在特制的手推车里，希望有配备这种灭火器的巡逻队，在起火地点立刻扑灭初起的小火，从而减少重大火灾发生的次数。

知识拓展 >>>

灭火器具是一种平时往往被人冷落，紧急情况时可"大显身手"的消防必备器材。尤其是在高楼大厦林立，室内用大量木材、塑料、织物装潢的今日，一旦有了火情，没有适当的灭火器具，便可能酿成大祸。古时的灭火器具很简单，无非是钩、斧、锹、桶之类。最早的灭火设备仅是一到两个经空气压缩后并装有1升水的圆桶。到19世纪中叶，法国医生加利埃发明了手提式化学灭火器。将碳酸氢钠和水混合放入筒内，另用一玻璃瓶盛装硫酸装在桶口内。使用时，由撞针击破瓶子，使化学物质混合，产生二氧化碳，把水压出桶外。1905年，俄国的劳伦特教授发明了一种泡沫灭火剂，将硫酸铝与碳酸氢钠溶液混合并加入稳定剂，喷出含有二氧化碳的泡沫，浮在燃烧的油、漆或汽油上，能有效地隔绝氧气，熄灭火焰。1909年，纽约的戴维森取得一项专利，利用二氧化碳从灭火器内压出四氯化碳，这种液体会立即变成不可燃的高密度气体以熄灭火焰。此后又出现了干粉灭火器、液态二氧化碳灭火器等多种小型灭火器。

(一)干粉灭火器

碳酸氢钠干粉灭火器适用于易燃、可燃的液体、气体及带电设备所致的初起火灾；磷酸铵盐干粉灭火器除可用于上述几类火灾外，还可扑救固体类物质所致的初起火灾。但这两种灭火器都不能扑救金属燃烧所致的火灾。干粉灭火器扑救可燃、易燃液体所致的火灾时，应对准火焰根部扫射，如果被扑救的液体火灾呈流淌燃烧时，应对准火焰根部由近而远、左右扫射，直至把火焰全部扑灭。如果可燃液体在容器内燃烧，使用者应对准火焰根部左右晃动扫射，使喷射出的干粉流覆盖整个容器开口表面；当火焰被赶出容器时，使用者仍应继续喷射，直至将火焰全部扑灭。在扑救容器内可燃液体火灾时，应注意不能将喷嘴直接对准液面喷射，防止喷流的冲击力使可燃液体溅出而扩大火势，造成灭火困难。如果可燃液体在金属容器中燃烧时间过长，容器的壁温已高于扑救可燃液体的自燃点，此时极易造成灭火后再复燃的现象，若与泡沫类灭火器联用，则灭火效果更佳。

灭火时，可手提或肩扛灭火器快速奔赴火场，在距燃烧处5m左右，放下灭火器。如在室外，应选择在上风方向喷射。使用的干粉灭火器若是外挂储压式的，操作者应一手紧握喷枪，另一手提起储气瓶上的开启提环。如果储气瓶的开启是手轮式的，则应向逆时针方向旋开阀门，并旋到最高位置，随即提起灭火器。当干粉喷出后，迅速对准火焰的根部扫射。若干粉灭火器的储气瓶为内置式或者储压式，操作者应先将开启把上的保险销拔下，然后握住喷射软管前端喷嘴部，另一只手将开启压把压下，打开灭火器进行灭火。在使用有喷射软管的灭火器或储压式灭火器时，一手应始终压下压把，不能放开，否则会中断喷射。

使用磷酸铵盐干粉灭火器扑救固体可燃物引发的火灾时，应对准燃烧最猛烈处喷射，并上下、左右扫射。如条件许可，使用者可提着灭火器沿着燃烧物的四周边走边喷，使干粉灭火剂均匀地喷在燃烧物的表面，直至将火焰全部扑灭。推车式干粉灭火器的使用方法与手提式干粉灭火器相同。

(二)泡沫灭火器

泡沫灭火器适用于扑救一般B类火灾，如油制品、油脂等引发的火灾，也适用于扑救A类火灾，但不能扑救B类火灾中水溶性可燃、易燃液体引发的火灾，如醇、酯、醚、酮等物质引发的火灾，也不能扑救带电设备引发的火灾及C类和D类火灾。

使用泡沫灭火器时可手提筒体上部的提环，应注意不得使灭火器过分倾斜，更不

干粉灭火器　　　　　　　水基泡沫灭火器

二氧化碳灭火器　　　　　　推车式灭火器

图 2-1　各类常见灭火器实物图

可横拿或颠倒灭火器，以免灭火器内的两种药剂混合而提前喷出。距离着火点 10m 左右时，即可将筒体颠倒过来，一只手紧握提环，另一只手扶住筒体的底圈，对准燃烧物喷射。在扑救可燃液体引发的火灾时，如液体已呈流淌状燃烧，则将泡沫由远及近喷射，使泡沫完全覆盖在燃烧液面上；如液体在容器内燃烧，应将泡沫射向容器的内壁，使泡沫沿着内壁流淌，逐步覆盖着火液面。切忌直接对准液面喷射，以免由于射流的冲击，反而将燃烧的液体冲散或冲出容器，扩大燃烧范围。在扑救固体物质引发的火灾时，应将射流对准燃烧最猛烈处。灭火时随着有效喷射距离的缩短，使用者应逐渐向燃烧区靠近，并始终将泡沫喷在燃烧物上，直至扑灭。应注意，在使用时，灭火器应始终保持倒置状态，否则会中断喷射。

　　手提式泡沫灭火器的存放应选择干燥、阴凉、通风并取用方便之处，不可靠近高温或可能受到暴晒的地方，以防止碳酸分解而失效；冬季要采取防冻措施，以防止灭火器冻结；并应经常擦除灰尘、疏通喷嘴，使之保持通畅。

　　推车式泡沫灭火器的适用范围和使用方法与手提式泡沫灭火器相同。使用推车式泡沫灭火器，一般由两人操作，先将灭火器迅速推拉到火场，在距离着火点10m左右处停下，由一人施放喷射软管后，双手紧握喷枪并对准燃烧处；另一人则先逆时针方向转动手轮，将螺杆升到最高位置，使瓶盖完全打开，然后将筒体向后倾倒，使拉杆触地，并将阀门手柄旋转90°，即可喷射泡沫进行灭火。如阀门装在喷枪处，则由负责操作喷枪者打开阀门。

（三）二氧化碳灭火器

　　二氧化碳灭火器主要用于扑救贵重设备、档案资料、仪器仪表、600伏以下电气设备及油类的初起火灾。在使用时，应首先将灭火器提到起火地点，距燃烧物5m左右放下灭火器，拔出保险销，一只手握住喇叭筒根部的手柄，另一只手紧握启闭阀的压把。对没有喷射软管的二氧化碳灭火器，应把喇叭筒往上扳70°～90°。使用时，不能直接用手抓住喇叭筒外壁或金属连接管，防止手被冻伤。灭火时，当可燃液体呈流淌状燃烧时，使用者将二氧化碳灭火剂的喷流由近及远向火焰喷射。如果可燃液体在容器内燃烧时，使用者应将喇叭筒提起，从容器的一侧上部向燃烧的容器中喷射。但不能让二氧化碳射流直接冲击可燃液面，以防止将可燃液体冲出容器而扩大火势，造成灭火困难。在室外使用二氧化碳灭火器时，应选择上风方向喷射；在室内窄小空间使用时，灭火后操作者应迅速离开，以防窒息。

　　推车式二氧化碳灭火器一般由两人操作，使用时两人一起将灭火器推或拉到燃烧处，在离燃烧物10m左右停下，一人快速取下喇叭筒并展开喷射软管，握住喇叭筒根部的手柄，另一人快速按逆时针方向旋动手轮，并开到最大位置。灭火方法与手提式二氧化碳灭火器一样。

（四）简易式灭火器

　　手提式灭火器在使用时，应手提灭火器的提把或肩扛灭火器到火场。在距燃烧处5m左右，放下灭火器，拔出保险销，一手握住开启把，另一手握在喷射软管前端的喷嘴处。如灭火器无喷射软管，可一手握住开启压把，另一手扶住灭火器底部的底圈部分。先将喷嘴对准燃烧处，用力握紧开启压把，使灭火器喷射。当被扑救的可燃烧液体呈现流淌状燃烧时，使用者应对准火焰根部由近及远左右扫射，并向前快速推进，直至火焰全部扑灭。如果可燃液体在容器中燃烧，应对准火焰左右晃动扫射，当火焰被赶出容器时，喷射流跟着火焰扫射，直至把火焰全部扑灭。但应注意不能将喷射流直接喷射在燃烧液面上，以防止灭火剂的冲力将可燃液体冲出容器而扩大火势，造成灭火困难。若扑救可燃性固体物质引发的初起火灾，则应将喷射流对准燃烧最猛烈处喷射，当火焰被扑灭后，应及时采取措施，不让其复燃。灭火器在使用时不能颠倒，也不能横卧，否则会影响灭火剂喷出。另外，在室外使用时，应选择在上风方向喷射；

在窄小的室内灭火时，因灭火剂有一定的毒性，灭火后操作者应迅速撤离，以防对人体造成伤害。

推车式简易灭火器一般由二个人操作，先将灭火器推或拉到火场，在距燃烧处10m左右停下，一人快速放开喷射软管，紧握喷枪，对准燃烧处；另一人则快速打开灭火器阀门。具体灭火方法与手提式灭火器相同。

(五)水基灭火器

水基灭火器由表面活性剂和处理过的纯净水搅拌而成，以液态形式存在，因此可称水基型灭火器。水基型(水雾)灭火器在喷射后，呈水雾状，瞬间吸收火场大量的热量，降低火场温度，抑制热辐射。同时，其所含的表面活性剂在可燃物表面迅速形成一层水膜，隔离氧气，以起到降温、隔离的双重作用，从而达到快速灭火的目的。

四、常见实验室火情处理方法

实验中一旦发生了火灾切不可惊慌失措，应保持镇静。首先立即切断室内一切火源和电源，然后根据具体情况积极正确地进行抢救和灭火。常用的方法如下所述。

(1)在可燃液体燃着时，应立刻拿开着火区域内的一切可燃物质，关闭通风器，防止扩大燃烧区域。若着火面积较小，可用石棉布、湿布、铁片或沙土覆盖，隔绝空气使之熄灭。但覆盖时要轻，避免碰坏或打翻盛有易燃溶剂的玻璃器皿，导致更多的溶剂流出而再次着火。

(2)酒精及其他可溶于水的液体着火时，可用水灭火。

(3)汽油、乙醇、甲苯等有机溶剂着火时，应用石棉布或土扑灭。绝对不能用水，否则会扩大燃烧面积。

(4)金属钠着火时，可用砂土扑灭。

(5)导线着火时不能用水及二氧化碳灭火器灭火，应切断电源，或用四氯化碳灭火器灭火。

(6)衣服被烧着时切不要奔走，可用其他衣物包裹身体或躺在地上滚动，以灭火。

(7)发生火灾时应注意保护现场。较大的着火事故应立即报警。

众所周知，火灾是由在时间或空间上失去控制的燃烧所造成的。在掌握了引起燃烧的基本要素和条件后就能够懂得预防和扑灭火灾的基本原理，即采取措施避免或消除燃烧三要素的形成，或不让其相互作用。爆炸主要包括化学爆炸、物理爆炸和核爆炸，其中化学爆炸往往是由于物质发生高速放热的化学反应，能量急剧上升来不及平稳扩散而突然造成的。

防火、防爆的一般原则主要为以下五个方面：遵守规章制度，加强安全意识；熟悉实验室容易引起火灾、爆炸的物质的特点；减少和消除可燃物质；控制或取消点火源；配备合适的防火、防爆设施。

第三章 化学品的安全防护

近代化学有力地推动了科学和社会的发展，在人类历史的进程中起到了举足轻重的作用。事实表明，许多新型学科的发展是以化学（材料）的发展为基础的，随着化学工业的迅速发展，在实验、生产过程中遇到的化学物质也日益增多。一方面，在这些物质中有相当部分具有高（剧）毒性和中等毒性，并且有些物质的毒性机制尚未被人们充分认识；另一方面，许多化学物质具有易燃易爆的特性，对其实验、生产、储藏、运输等过程提出了特殊的安全防护要求。化学物质种类繁多，对人们的身体健康具有不可低估的潜在影响，若对其防护不当将直接威胁人们的健康和生命财产安全。本章主要介绍危险化学品的分类、易燃易爆性、毒性、腐蚀性等基本知识，并对安全防护的管理与措施、排污管理、剧毒品管理等问题进行探讨。

第一节 实验室药品及试剂的管理

一、实验室药品、试剂管理普遍存在的问题

（1）无试剂专库。试剂储藏室与实验准备在同一房间内，致使室内空气的相对湿度过大，药品试剂易变质失效。

（2）保管环境不良。试剂储藏室缺乏良好的通风设备，既影响药品试剂的质量，也影响工作人员的身体健康。

（3）无清库制度。某些试剂库存时间过长、库存过多，造成浪费。

（4）缺乏规范分类知识与措施。药品试剂分类不科学，导致使用不方便。

（5）环保意识差。过期药品、试剂不经过无害处理就随意丢弃。

二、实验室药品、试剂的贮存管理

化学试剂和药品是实验室必备的物品，如果保存管理不当会对人类健康造成威胁，所以应妥善、规范管理实验室化学品。

（一）化学药品的贮存管理

（1）化学药品贮存室应符合有关安全规定，有防火、防爆等安全措施，室内应干

燥、通风良好，温度一般不超过 28℃，照明应是防爆型。

(2)化学药品贮存室应由专人保管，并有严格的账目和管理制度。

(3)室内应备有消防器材，各储存柜应装有排气装置。

(4)化学药品应按类存放，特别是化学危险品应按其特性单独存放。

(5)库房底层地面应为水泥或木地板，以利于防潮；顶层板面须设隔热装置；堆放的试剂与墙四周要有通风道或设置墙距，屋顶距堆垛试剂的距离要远。

(二)化学试液的管理

(1)装有试液的试剂瓶应放在药品柜内，放在架上的试剂和溶液要避光、避热。

(2)试液瓶附近勿放置发热设备，如电炉等。

(3)如试液瓶内壁凝聚水珠，使用前要振摇均匀。

(4)每次取用试液后要随手盖好瓶塞，切不可让瓶口长时间敞开。

(5)吸取试液的吸管应预先清洗干净并晾干。同时取用相同容器盛装的几种试液时应防止瓶塞盖错造成交叉污染。

(6)已经变质、污染或失效的试液应该随即倒掉，重新配制。

三、实验室化学危险品的七项管理原则

实验室应实施的七项管理原则为：专人、专库、专柜管理原则；分类保管原则；先出先用原则；定期查、报原则；出入库登记原则；危险品"五双管"原则；注意环保原则。

1. 专人、专库、专柜管理原则

设定具有相应专业水平、管理水平和高度责任心的专职管理人员，从事药品试剂的保管工作，管理人员必须熟悉药品试剂的性能、用途、保存期、贮存条件等。设立独立、朝北的房间作为储藏室。挂窗帘，避免阳光直射（室温过高易导致试剂分解失效）。室内安装通风换气设备，不设水池，以保证室内空气干燥。将试剂柜架制成阶梯状，并从上到下依次编序。试剂柜安装有色玻璃。存放特殊试剂的试剂柜，应选用耐腐蚀或具有屏蔽作用的材料做成的各小柜的组合体，各小柜之间密封性要好，以有利于特殊试剂的隔离存放。

2. 分类保管的原则

合理的系统分类，是良好的规范化管理的必要保证。将所有试剂分类，依其名称、规格、厂家、批号、包装、储存量以及储存位置一一登记造册、编号，并建立找寻方式。药品柜贴上本柜贮存的药品目录，方便取用。液体试剂盒与固体试剂应分柜存放；强酸与强碱应分开存放；过氧化氢及过氧化物应存放在阴凉的地方；液体试剂多是具有强氧化性或强腐蚀性、易燃的危险品，应严格按照危险品储存与管理规定执行。其中，针对化学品的详细分类和管理可参照国务院安全生产监督管理部门等多部门联合颁发的《危险化学品名录》(2022 版)和早期颁布的《剧毒化学品名录》(2022 版)。

3. 先出先用原则

根据出厂日期和保质期，先出厂的或快到保质期的药品、试剂应先用，以免过期

失效，造成浪费。

4. 定期查、报原则

查看储藏室内试剂保存环境的条件是否合格，如有变化，应立刻采取措施；查看试剂的标签，如被腐蚀，应立即重新补写，写明试剂名称、规格、分子式、分子量等，不可只写名称；查包装，如有破损，立即采取弥补措施；查试剂质量，如有失效，应立刻清理出柜；查库存量，决定采购与否。

5. 危险品"五双管"原则

"五双管"原则包括双人保管；双人收发；双人领料；双本账；双锁。

6. 注意环保原则

管理人员应具有强烈的环保意识以及相应的环保知识，对失效、变质的试剂应集中存放，小心保管，尽快由专业人员或在专业人员指导下进行无害处理，切不可将未经处理的药品、试剂随意丢入垃圾箱或冲入下水道，避免造成环境的污染或意外事故的发生。

四、实验室各类试剂的使用流程

(一)固体试剂的取用

取用固体粉末或小颗粒药品可使用药匙，取用块状药品应用镊子。若需取用定量药品，须用天平称量且应把药品置于纸上，易潮解或具有腐蚀性的药品要放在表面皿或玻璃容器内称量。取用药品应按量取用，一次取多了不能倒回原瓶，应另装入指定容器备作他用，以免污染整瓶药品；药品取出后应立即盖上瓶塞。另外，在向试管内加药品时，应把药品放在对折的纸片上，再将纸片放入试管的2/3处，方可倒入药品；当加入块状固体时，应将试管倾斜，让药品沿管壁慢慢倒入，以免打破管底。

(二)液体试剂的取用

液体试剂的取用应采用倾注法，即先将瓶盖取下，反放在实验台上，再左手持容器，右手拿试剂瓶贴标签的一侧，慢慢倾斜试剂瓶，让试剂溶液沿试管壁或玻棒注入所需的容量，随即将试剂瓶口在容器口上靠一下，再立起试剂瓶，以免残留瓶口的液滴流到瓶的外壁上。在用滴瓶取用药品时，要使用滴瓶配套的滴管，用后放回原试剂瓶中。

(三)部分特殊试剂的保管与取用

(1)黄磷应浸于水中密闭保存，用镊子夹取后宜用小刀分切。

(2)钠应浸入无水煤油中保存，宜用小刀分切。

(3)锂应低温密闭保存，宜用滴管吸取。若撒落桌面，可用硫黄粉覆盖。

(4)溴水应低温密闭保存，宜用移液管吸取，以防中毒与灼燃。

(5)过氧化氢、硝酸银、浓硝酸、苯酚等应装在棕色瓶中，避光保存。

(四)有机试剂的管理和使用

有机试剂是一类重要的化学试剂，由于其种类多、分类复杂，所以其管理十分重要。

1. 有机溶剂存在的潜在危险

(1)有机溶剂多为易燃物质，遇引火源容易发生火灾。

(2)有机溶剂多具有较低的闪点和极低的引燃能量，在常温或较低的操作温度条件下也极易被点燃。

(3)有机溶剂多具有较宽的爆炸极限范围，与空气混合后很容易发生火灾、爆炸。

(4)有机溶剂多具有较低的沸点，因此具有较强的挥发性，易散发可燃性气体，为燃烧、爆炸的形成提供基本条件。

(5)有机溶剂多具有较低的介电常数或较高的电阻率，其在流动中容易产生静电积聚，当静电荷积聚到一定的程度则会产生放电，引发火灾、爆炸。

(6)有机溶剂多对人体有较高的毒害性，当发生泄漏、流失或火灾爆炸扩散后还会导致严重中毒事故。

(7)少数溶剂，如乙醇、异丙醇、四氢呋喃、二氧六环等，在保存中接触空气会生成过氧化物，在使用过程中温度升高时会自行发生爆炸。

2. 使用有机溶剂过程中的主要安全措施

(1)科学优化实验流程。在试验阶段，必须考虑溶剂的安全性。尽可能选用不燃或不易燃的有机溶剂代替易燃溶剂；尽可能选用高沸点溶剂代替低沸点溶剂；尽可能选用电阻率较小的溶剂代替电阻率大的溶剂；尽可能选用无毒或毒性较小的溶剂代替剧毒或毒性较大的溶剂；最大限度地降低易燃溶剂使用量。通过前期安全试验工作，从本质上消除或降低溶剂的危险性、危害性。

(2)加强通风换气。为保证易燃、易爆、有毒溶剂所泄漏的气体在实验环境中不超过爆炸、中毒的危险浓度，整个实验应尽量在通风橱中进行。

(3)惰性气体保护。由于大多数可燃有机溶剂的沸点较低，在常温或反应温度条件下都有较大的挥发性，与空气混合容易形成爆炸性混合物并达到爆炸极限。因此，向储存容器和反应装置中持续地充入惰性气体(氮气、氧气、二氧化碳、水蒸气等)，可以降低容器和装置内氧气的含量，避免达到爆炸极限，消除爆炸的危险。当有机溶剂发生火灾事故时也可用惰性气体进行隔离、灭火。

(4)消除、控制引火源。消除、控制引火源是切断燃烧三要素的一个重要措施。引火源主要有明火、高温表面、摩擦和撞击、电气火花、静电火花和化学反应放热等。当易燃溶剂的使用中存在上述引火源时会引燃溶剂形成火灾、爆炸。因此，必须特别注意消除和控制可能产生引火源的情况。

(5)配备灭火器材。配备足够的灭火器材，可应对突发的火警事件，将事故消灭在萌芽状态。有机溶剂并不适用于使用水及酸、碱式灭火器灭火，干粉灭火器、泡沫灭火器、二氧化碳灭火器能够用于有机溶剂的灭火。

(6)及早发现、防止蔓延。为了及时掌握险情，防止事故扩大，对使用、储存易燃有机溶剂的场所，应在危险部位设置可燃气体检测报警装置、火灾检测报警装置、高低液位检测报警装置、压力和温度超限报警装置等。通过声、光、色报警信号警告操作人员及时采取措施、消除隐患。

(五)化学试剂存储期间的检查

在存储期间，化学试剂受自身的化学成分、结构特点及日光、空气、温(湿)度、周围环境等因素的影响，往往会发生质量变化。为保证试剂储存期间的质量与安全，实验室管理人员要熟悉试剂的化学成分、结构和理化性质，掌握试剂存储的规律，并采取科学的存储手段。

试剂在存储时要定期检查，如对试剂外包装是否完好，标签有无脱落，试剂是否变质，存储室的温度、湿度的变化等应及时加以核验，并采取积极的补救措施，切实提高管理质量。

第二节 危险化学品的分类与利弊两重性

一、危险化学品的分类

对于化学品的分类，国际上普遍采用联合国危险货物运输专家委员会编定的《关于危险货物运输的建议书》中提出的分类方法。根据该方法我国制定了两个国家标准：GB6944—86《危险货物分类和品名编号》和 GB13690—92《常州危险化学品的分类及标志》，具体分类如表 3-1 所示。

表 3-1 危险化学品分类表

分类序号	GB6944—86 分类	GB1369—92 分类
第 1 类	爆炸品	爆炸品
第 2 类	压缩气体和液化气体	压缩气体和液化气体
第 3 类	易燃液体	易燃液体
第 4 类	易燃固体、自燃物品和遇湿易燃物品	易燃固体、自燃物品和遇湿易燃物品
第 5 类	氧化剂和有机过氧化物	氧化剂和有机过氧化物
第 6 类	毒害品和感染性物品	有毒品
第 7 类	放射性物品	放射性物品
第 8 类	腐蚀品	腐蚀品
第 9 类	杂类	—

二、危险化学品的利弊两重性

危险化学品的易燃易爆性具有两重性：一方面容易造成火灾、爆炸等事故而对人类造成危害；另一方面又对人类社会的发展有益。如炸药在开矿、隧道等工程中的应用，石油液化气可作为家庭燃料等。化学品的毒性也同样具有两重性：一方面，它可致人中毒，对人体造成伤害；另一方面，许多化学品的毒性又对人类是有益的，如药物能杀死某些病菌、有害细胞，农药可以杀虫、杀菌等。

危险化学品对人类造成了许多伤害，并且引发了很多火灾爆炸事故，但在绝大多数情况下，这些伤害和事故是由人们的无知所造成的。因此，了解掌握化学物质的特点与性质，对防止中毒、火灾、爆炸等事故具有非常重要的意义。

虽然许多化学品对人类构成了潜在危害，但只要正确地了解与掌握化学品的特性，建立健全各类规章制度，加强安全与防护教育，就一定能控制化学品对人类的危害。

第三节 危险化学品的易燃易爆特性及其防护

一、危险化学品的易燃易爆特性

(一)爆炸性化合物特有的原子团

人们很早以前就已知道，具有某些特定原子团的化合物容易爆炸，又称"爆炸性基团"。Bretherick 曾将具有这种特性的原子团进行了整理，其中主要是一些键能较低、化学键易打开的原子团，如 1，2-环氧己烷基等。

(二)易形成过氧化物的化学结构

有些物质放置在空气中能与空气中的氧发生反应，形成不安全的或爆炸性的有机过氧化物。Jackson 等人对这些物质进行了收集整理，如表 3-2 所示。其结构的主要特点是具有弱的 C—H 键及易引起附加聚合的双键。

表 3-2 空气中易形成过氧化物的结构

序号	化学结构	化合物类别
1	CH—O	缩醛类、酯类、环氧类
2	—CH₂ C—H —CH₂	异丙基化合物，萘烷类
3	C=C—CH—	烯丙基化合物
4	C=CH—X	卤代链烯烃类
5	C=CH—	乙烯化合物(单体、酯、醚类)

序号	化学结构	化合物类别
6	C=CH—CH=C	二烯类
7	C=CH—CH=C—	乙烯乙炔类
8	—C—CH—Ar	异丙基苯类、四氢萘类、苯乙烷类
9	—CH=O	醛类
10	O=C N—C	N-烷基酰胺，N-烷基脲，丙酰胺类，碱金属类特别是钾，碱金属的烷基氧及酰胺物，有机金属化合物

(三)混合接触的危险性

有不少危险化学品不仅本身具有易燃易爆的危险，还存在原来单独存放无危险，但两种(或两种以上)物质混合或相互接触时发生反应产生高热而着火、爆炸的危险。很多化学品所引发的火灾就是如此发生的。具有混合危险性的物质如表3-3所示。

表3-3 具有混合危险性的物质对

物质 A	物质 B	危险现象
氧化剂	可燃物	生成爆炸性混合物
氯酸盐	酸	混合触发着火
亚氯酸盐	酸	混合触发着火
次氯酸盐	酸	混合触发着火
三氧化铬(铬酸酐)	可燃物	混合触发着火
高锰酸钾	可燃物	混合触发着火
高锰酸钾	浓硫酸	爆炸
四氯化碳	碱金属	爆炸
硝基化合物	碱	生成高感度物质
亚硝基化合物	碱	生成高感度物质
碱金属(钠等)	水	混合触发着火
亚硝胺	酸	混合触发着火
过氧化氢溶液	胺类	爆炸
醚	空气	生成爆炸性的有机过氧化物
烯烃	空气	生成爆炸性的有机过氧化物
氯酸盐	铵盐	生成爆炸性的铵盐

续表

物质 A	物质 B	危险现象
亚硝酸盐	铵盐	生成不稳定的铵盐
氯酸钾	红磷	生成对冲击、摩擦敏感的爆炸物
乙炔	铜	生成对冲击、摩擦敏感的铜盐
苦味酸	铅	生成对冲击、摩擦敏感的铅盐
浓硝酸	胺类	混合触发着火
过氧化钠	可燃物	混合触发着火

混合危险不单单指有混合危险性的物质配伍时的危险，也包括改变混合比例以及混合条件时所发生的危险，这是一个比较复杂的问题，应引起注意。

二、化学反应操作的潜在事故隐患

(一)容易发生事故的化学反应操作

如要使用危险化学品或进行相关化学反应操作应慎重。可能引起事故而又难以预测的化学反应包括以下几个方面。

(1)烃类及其他有机化合物在空气中被氧化时可生成过氧化物中间体或副产物，由于条件的不同，特别是有不稳定混合物生成时，有可能会喷料或爆炸。

(2)单体聚合时产生聚合热。在一定的控制条件下使单体聚合，可以得到有用的聚合物。聚合反应一旦开始，反应温度就会上升，如果事先没有预料且没有采取快速有效的措施控制温度，容器则可能由于温度过高而被破坏，物料也会喷出来，引发爆炸与火灾。

(3)氧化的副反应可引起事故。例如：在冷却到室温以下的硫酸和硝酸的混合溶液中，一边充分地搅拌一边滴加醇液，则生成相应的硝酸酯。此时所产生的热，主要是硝化反应热以及由反应中生成水所引起的混酸稀释热，这种情况下产生的热量并不太大。但是，通过隔离操作，若将醇液快速倒入同样的硫酸和硝酸的混合溶液中，根据所用醇的种类和数量的不同，往往会产生爆发性喷料或爆沸。

(4)热交换所用的热介质可以为水、植物油、硅油、高沸点有机溶剂、熔融金属等，如果所用的热介质管道上有孔隙，反应混合物与热介质即可混合而发生事故。一般来说，此类事故发生的概率不大，因而人们往往对此不重视。然而，经验告诉我们，一旦发生此类事故则会造成很大的损失。

(5)所用装置、管道的材料与化学药品反应可能生成危险物。如乙炔与铜易生成乙炔铜。乙炔铜受热或受到机械的刺激可变为一种敏感的爆炸物，因此不能用铜制容器来输送、处理、存放乙炔。

(6)错用化学药品而引起的事故。例如：混入有机物的药品，在加热过程中会引起放热反应，有发生爆炸的危险。一般来说，若使用的化学药品中有氧化剂等危险品时，就应格外注意。

(7)泄漏的活性物质与绝热材料接触也可能发生反应而导致相关事故。

(8)存放在容器中的物料有可能产生气体,积累到一定浓度、超过一定压力易引起爆炸。

(二)与危险化学反应有关的操作

在下面的操作中,存在安全风险,实验人员必须加以注意。

(1)在工厂以及实验室里进行蒸馏操作容易引起爆炸性火灾事故。蒸馏能使爆炸性物质或不稳定物质浓缩,它们往往是由副反应生成的,所以在进行反应产物的蒸馏时一定要谨慎,切不可过度蒸馏残渣。

(2)过滤可使不稳定物质分离并聚集,从而处于危险状态。尤其是那些对摩擦或冲击敏感的物质,在过滤其溶液时应避免使用易产生摩擦热的玻璃滤器。

(3)很多危险化学药品用惰性溶剂稀释之后是比较安全的,即便长期保存也没有什么问题。但是,若这种溶液洒在布料上,待溶剂蒸发变干后,这块布料就成了易燃的危险物。

(4)粉末过筛时容易产生静电,所以过筛干燥不稳定物质时要特别注意。

(5)用萃取法提取危险品时,由于萃取液浓缩,危险品处于高浓度状态,危险性增大。

(6)在结晶操作中,往往可以得到较纯的不稳定物质。但需注意,由于结晶的条件不同,可能会得到对摩擦和冲击非常敏感的结晶体。

(7)循环使用反应液能使生产和实验的成本下降,还能使系统处于非污染的封闭环境,但反应液再循环,有可能使不稳定物质聚集。

(8)在实验室的回流操作中,可能因试液突然沸腾或加热温度过高使可燃性液体喷出而引发着火。一般来说使用可燃性溶剂进行回流操作或蒸馏低闪点溶剂时,应远离明火或着火源。

(9)在不稳定物质的合成反应中,如果搅拌较慢,可使反应速度变慢,加进的原料会相对过剩,未反应的部分可积蓄在体系中,若再强力搅拌,所聚集的物料一起反应,可使整个反应体系的温度迅速上升,往往会使反应无法控制。

(10)若将不稳定的化合物或混合物升温,可能会引起热爆炸或突发性的反应。如在低温下将两种能发生放热反应的液体混合,然后再升温进行反应,这种做法是很危险的。

(11)对化学危险品的泄漏和洒落处理不当也会引起相关事故。当危险的药品泄漏、洒落或堵塞时,急于收拾复原而忘记它是危险品,容易导致二次灾害。

(12)废弃的危险品在销毁操作中也时常发生事故。在销毁废弃试剂时,要注意因化学反应释放的能量所带来的危险。

三、危险化学品的防火、防爆

(一)气态危险化学品的防火、防爆

气态危险化学品的火灾爆炸危险主要来自那些在常温下以气态存在的易燃气体。

易燃气体是指在空气中遇火、受热或与氧化剂接触能燃烧或爆炸的气体,如氧气、乙炔、石油液化气、城市用燃煤气等。

1. 气态危险化学品的火灾特性和危险性质

(1)易燃气体的燃烧与液体、固体物质燃烧的区别。

1)容易起火燃烧的液体、固体物质要经过蒸发、熔化等过程,才能在气态条件下燃烧,而气体在常温下已具备了燃烧条件,只需外界提供氧化或分解气体物质以及将其加热到燃点的热量,就会引起燃烧。因此,气体比液体和固体物质更易起火燃烧。

2)气体燃烧有两种形式:一是稳定式燃烧,又称扩散燃烧;二是爆炸式燃烧,又称动力燃烧。如果易燃气体与助燃气体的混合是在燃烧过程中进行的,则发生稳定式燃烧。例如,焊枪就是由于气体的扩散作用而形成的稳定式燃烧。这时可燃气体与氧气的混合是在燃烧过程中进行的,只要控制得当,就不会发生火灾。如果易燃气体与助燃气体的混合是在燃烧以前进行的,并且混合气体的浓度在它的爆炸范围以内(即爆炸下限和爆炸上限之间),遇到着火源则发生爆炸式燃烧,如煤矿井下的瓦斯爆炸就属此类。

(2)可燃气体的其他危险性质。

1)化学活泼性:分子结构中有不饱和键的气体具有活泼的化学性质,在通常情况下,有些气体在互相接触后会发生化学反应而引起燃烧爆炸。例如,乙炔遇氯、氟会发生爆炸。一般来说,分子结构中的不饱和键越多,发生火灾爆炸的危险性就越大。

2)易扩散性:比空气稍轻的可燃气体逸散在空气中,大部分向上方顺风扩散,集聚的可能性较低。但比空气重的易燃气体,特别是液化气体,泄漏时往往呈雾状沿地面飘浮扩散到较远的地方或聚集于沟渠内、建筑物死角处,长时间聚集,一旦遇到火源就会将火焰传播开来,发生大面积轰燃或爆炸。

3)腐蚀性:某些易燃气体具有腐蚀性。如硫化氢、氨等可腐蚀设备,降低设备的耐压强度,严重时可导致设备漏气,以致引发着火、爆炸和中毒。

4)带电性:压缩的或液化的易燃气体从管口或破损处高速喷出时能产生静电。其主要原因是气体中含有固体微粒或雾滴杂质,在高速喷出时与喷嘴强烈摩擦而产生静电。气体中所含固体或液体杂质越多,产生的静电越强。如果设备是绝缘材料制成的,或虽是金属材料制成,但没有良好接地,静电就会聚集成很高的电压,高压静电放电产生的电火花,能点燃易燃气体(如氢气)与空气的混合物而引起爆炸。

5)毒害性:有些可燃气体具有毒害性,在运输、储存和使用过程中要特别注意,防止中毒。

2. 气态危险化学品的防火、防爆措施

(1)控制热源(着火源)。易燃气体能直接参与燃烧,所以控制热源(着火源)是预防易燃气体着火、爆炸的最基本措施。在生产、使用、储存可燃气体的场所,除生产必须用火外,需严禁火种。

(2)泄漏检查。在生产、使用、储存易燃气体的大、中型场所,应配置可燃气体监控式检漏报警装置。当易燃气体在空气中的浓度超过该气体爆炸下限浓度的25%时,就能自动报警。同时，还应配备便携式检漏报警器，以便用于巡视监测。

许多易燃气体都是无色无味的，为了增加泄漏的检出率，通常会对一些使用较广泛的燃料气体进行"加臭"。例如，在一般燃料气体、天然气和液化石油气中添加微量的有机硫化物，稍有泄漏就能闻到刺鼻的气味。

（二）液态危险化学品的防火、防爆

液态危险化学品的火灾爆炸危险主要来自易燃液体，这类物质大多是有机化合物。其中有很多是石油化工产品，常温下极易着火燃烧。

1. 易燃液体的危险特质

（1）具有高度易燃性，主要原因如下所述。

1）由于易燃液体的闪点低，其燃点也低（燃点一般高于闪点约15℃），因此接触火源极易着火持续燃烧。

2）易燃液体多数是有机化合物，分子组成中含有碳原子和氢原子，容易和氧发生反应而燃烧。

3）大多数易燃液体分子量小，沸点低，容易挥发。由于其易挥发性，表面的蒸汽浓度也较大，蒸气压大，遇明火或火花极易着火燃烧。

4）易燃液体着火所需能量很小，只需要极小的火花即可点燃。

5）易燃液体的蒸汽一般比空气重，易沉积在低洼处或地下室内，经久不散，更增加了着火的危险性。

（2）易燃液体挥发性大。当挥发出来的易燃蒸汽与空气混合，其浓度在该易燃液体的爆炸范围之间时，遇明火或火花即引起爆炸。爆炸范围越大、爆炸下限越低的易燃液体其危险性就越大。

（3）高度流动扩散的易燃液体的黏度一般都很小。这类物质不仅本身极易流动，还因渗透、浸润及毛细现象等作用，即使容器只有极细微的裂纹，也会渗出容器壁外，扩大其表面积，并源源不断地挥发，使空气中易燃蒸汽浓度增高，从而增加发生着火、爆炸的危险性。

（4）易燃液体的膨胀系数比较大，受热后其体积易膨胀，同时其蒸气压亦随之升高，从而使密封容器的内部压力增大，造成"鼓桶"，甚至爆裂。此时如遇火花（在容器爆裂时也可能产生火花）即会引起燃烧爆炸。

（5）某些易燃液体与氧化剂或有氧化性的酸类（特别是硝酸）接触，可发生剧烈反应而引起着火、爆炸。这是因为易燃液体都是有机物，容易氧化，能与氧化剂发生氧化反应并产生大量的热，使温度升高到燃点而引起着火、爆炸，如松节油遇浓硝酸时会立即燃烧。

2. 液态危险化学品的防火、防爆措施

（1）使用、储存易燃液体的仓库应该是一、二级耐火建筑，要求通风良好，周围严禁烟火，远离火种、热源、氧化剂及酸类等。夏季应对液态危险化学品存放空间采取隔热降温的措施，对于低沸点的乙醚、二硫化碳、石油醚应采取降温冷藏的措施。

（2）使用、储存易燃液体的场所，应根据相关标准选用防爆电器。在装卸和搬运电

器途中应轻拿轻放,严禁滚动、摩擦、拖拉等涉及安全的危险操作。作业时禁止使用易产生火花的铁制工具并禁穿带铁钉的鞋。

(3)易燃液体在灌装时,容器内应留有5%以上的空隙,不可灌满,以防止易燃液体受热膨胀而发生燃烧或爆炸事故。

(4)易燃液体不得与其他危险化学品混放。实验室内可设危险品柜,将实验室使用的瓶装易燃液体按性质分格储存,固体应放在上格,液体放在下格;同一格内不得混放氧化剂、还原剂等性质相抵触的物品(混合危险)。

(5)绝大多数易燃液体的蒸汽具有一定的毒性,会从呼吸道侵入人体而造成危害。应特别注意易燃液体的包装是否完好。

(三)固态危险化学品的防火、防爆

固态危险化学品(不包括已列入爆炸品的物质)通常定义为:受热、摩擦、冲击或与氧化剂接触能发生剧烈化学反应,能引起燃烧,其粉尘具有爆炸性的固态化学品。按其燃烧条件不同,分为易燃固体、自燃固体、遇湿易燃固体。此外,在氧化剂和有机过氧化物的分类品中,大部分都属于固态的危险化学品。

1. 固态危险化学品的特性

(1)易燃固体的危险特性。

1)易燃性:易燃固体在常温下是固态,当受热后可熔融、蒸发、气化、再分解氧化直至出现火焰燃烧。易燃固体的燃点、熔点是与温度有关的物理因素,是评价易燃固体危险性的重要特征,燃点越低,固体越易着火,危险性越大。

2)分散性:气体、液体都具有流动性,而固体具有可分散性。物质的比表面积越大,和空气中氧的接触机会就越多,氧化就越容易发生,燃烧也就越快。当粒度小于0.01mm时,固体物质可悬浮于空气中,更能充分地与空气中的氧接触,因而具有爆炸危险,即发生粉尘爆炸。

3)热分散性:某些易燃固体受热不熔融,而是发生分解,还有些易燃固体受热后,边熔融、边分解,如硝酸铵(NH_4NO_3)分解往往释放NH_3或NO_3、NO等有毒气体。一般来说,受热分解所需温度越低的物质,发生火灾爆炸的危险性就越大。

(2)自燃固体的危险特性。

1)易氧化:自燃物质本身的化学性质非常活泼,具有很强的还原性,接触空气中的氧,能迅速发生反应而产生大量的热。如黄磷的自燃点为34℃,若暴露于空气中,会因氧化放热而引起自燃。

2)易分解:某些自然物质的化学性质很不稳定,在空气中能自行分解,其积蓄的分解热也会引起自燃。如赛璐珞,含硝酸纤维素、硝化甘油等的硝酸酯制品,暴露于空气中会发生缓慢分解,特别是在光照和潮解作用下会加速分解,若热量积聚,不但能引起自燃,还会因气体急剧膨胀而引起燃烧、爆炸。

(3)遇湿易燃物品的危险特性。这类物质的共性是遇水反应,主要有以下几类。

1)活泼的金属,如钠、锂、锶等及其氢化物,遇水后发生剧烈反应,放出大量的热和氢气,其热量能使氢气自燃爆炸,未来得及反应的金属也会随之燃烧、飞溅。

2）碳的金属化合物，如碳化钙（电石）、碳化铝等遇水会发生反应，同时放出可燃性气体（乙炔、甲烷），遇明火会引起燃烧。

3）磷化物，如磷化钙、磷化锌等遇水生成磷化氢，其在空气中能自燃，且有毒。

2. 固态危险化学品的防火、防爆措施

固态危险化学品的防火、防爆措施除了与液态危险化学品相同以外，还需特别注意不同类别的固态危险化学品要分开存放，并根据其特性准备相应的灭火器材和设施，且不可误用。

（1）易燃固体、自燃物固体发生火灾、爆炸时，一般可以用水或泡沫灭火器扑救。少数易燃固体和自燃固体，如三硫化二磷、铝粉、烷基铝、保险粉等，不能用水或泡沫灭火器扑救，应根据具体情况选用干沙或干粉扑救。

（2）遇湿易燃固体，如金属钾、钠以及三乙基铝（液态）等，由于其发生火灾时的灭火措施特殊，在储存时要求分库或隔离分堆单独储存。这类物品中有一些是绝对禁止用水、泡沫、酸碱灭火剂等湿性灭火剂来扑救的。

（3）从灭火角度来看，氧化剂和有机过氧化物中既有固体、液体，又有气体；既不像遇湿易燃固体那样一概不能用水或泡沫灭火剂扑救，也不像易燃固体那样几乎都可以用水和泡沫灭火剂扑救。有些氧化剂本身不自燃，但遇可燃物品或酸碱却能着火或爆炸。其中，有的可用水（最好为雾状水）和泡沫灭火剂扑救，有的则不能；有的不能用二氧化碳灭火剂扑救；而酸碱灭火剂对其几乎都不适用。

鉴于以上三类危险固体的特殊性，在使用这类固体危险品时要即领即用，尽量少储存。

（四）冰箱储藏与防爆改造

用冰箱储藏易燃易爆试剂可以降低溶剂的挥发性，但由于目前实验室所使用的冰箱多数不是防爆冰箱而使之成为爆炸事故的严重隐患。在我国，目前使用的大多数冰箱安装的是机械温控器，它是靠热胀冷缩原理带动电触点来启动冰箱而达到温控目的的，由于触点带电动作的发生，瞬间就会产生火花；同时，冰箱的照明灯（有可能会爆灯）及开关也是火花源之一。当冰箱中的易燃易爆试剂由于微泄漏而积聚达到一定浓度时，一旦遭遇电火花就会引起爆炸。

对于不同类型的冰箱，可采取如下措施改造。

（1）对于有霜的机械温控冰箱，可实施防爆改造。将机械式温控器放于冰箱外部，拆除箱内照明灯和开关，改用发光二极管照明（加变压器），使冰箱内部不可能产生电火花。

（2）无霜冰箱由于有内置风机可导致融霜加热，因此仅切断照明电源是无意义的，必须改变其储藏用途。

（3）对于电子感应温控冰箱，因其无电火花产生，所以无须改造温控系统，但必须切断照明电源。

第四节 危险化学品的毒性、腐蚀性及其防护

一、危险化学品的毒性

(一)常见化学品的毒性分级

我国对职业性接触毒物危害程度分级制定了国家标准(GB5044—85)。根据化学品的急性毒性试验、急性中毒发病状况、慢性中毒患病情况、慢性中毒后果、致癌性和车间最高容许浓度等的不同(表3-4),对56种常见毒性化学品的危害程度进行了分级(表3-5)。

表3-4 职业性接触毒物危害程度分级

指标		分级			
		Ⅰ级 (极度危害)	Ⅱ级 (高度危害)	Ⅲ级 (中度危害)	Ⅳ级 (轻度危害)
危害中毒	吸入 LC_{50}/(mg/cm³)	<200	200~2000	200~20000	>20000
	经皮 LD_{50}/(mg/kg)	<100	100~500	500~2500	>2500
	经口 LD_{50}/(mg/kg)	<25	25~500	500~5000	>5000
急性中毒发病状况		易发生中毒,后果严重	可发生中毒	偶可发生中毒	尚无急性中毒,但有急性影响
慢性中毒患病状况		患病率高(≥5%)	患病率较高(<5%)或症状发生率高(≥20%)	偶有中毒病例发生或症状发生率较高(≥10%)	无慢性中毒而有慢性影响
慢性中毒后果		脱离接触后继续进展或不能治愈	脱离接触后可基本治愈	脱离接触后可恢复,不致严重后果	脱离后可自行恢复,无不良后果
致癌性		人体致癌物	可疑人体致癌物	实验动物致癌物	无致癌性
最高容许浓度/(mg/m³)		<0.1	0.1~1.0	1.0~10	>10

表 3-5　职业性接触毒物危害程度分级及其行业举例

级别	毒物名称	行业举例
Ⅰ级 （极度危害）	汞及其化合物	汞冶炼、汞齐法生成氯碱
	苯	含苯粘胶剂的生产
	砷及其无机化合物	砷矿开采和冶炼、含砷金属矿（铜、锡）的开采和冶炼
	氯乙烯	聚氯乙烯树脂的生产
	铬酸盐、重铬酸盐	铬酸盐和重铬酸盐的生产
	黄磷	黄磷的生产
	铍及其化合物	铍冶炼、铍化合物的制造
	对硫磷	对硫磷的生产及储运
	羰基镍	羰基镍的制造
	八氟异丁烯	二氟-氯甲烷裂解及其残液处理
	氯甲醚	双氯甲醚、一氯甲醚的生产，离子交换树脂的制造
	锰及其无机化合物	锰矿的开采和冶炼、锰铁和锰钢的冶炼、高锰焊条的制造
	氰化物	氰化钠的制造、有机玻璃的制造
Ⅱ级 （高度危害）	三硝基甲苯	三硝基甲苯的制造和军火的加工生产
	铅及其化合物	铅的冶炼、蓄电池的制造
	二硫化碳	二硫化碳的制造、粘胶纤维的制造
	氯	液氯、烧碱的生产，食盐电解
	丙烯腈	丙烯腈的制造、聚丙烯腈的制造
	四氯化碳	四氯化碳的制造
	硫化氢	硫化染料的制造
	甲醛	酚醛和尿醛树脂的生产
	苯胺	苯胺的生产
	氟化氢	电解铝、五氯酚钠的生产
	五氯酚及其钠盐	五氯酚、五氯酚钠的生产
	铬及其化合物	铬冶炼、铬化合物的生产
	敌百虫	敌百虫的生产、储运
	氯丙烯	环氧氯丙烷的制造、丙烯磺酸钠的生产
	钒及其化合物	钒铁矿的开采和冶炼
	溴甲烷	溴甲烷的制造
	硫酸二甲酯	硫酸二甲酯的制造、储运
	金属镍	镍矿的开采和冶炼
	甲苯二异氰酸酯	聚氨酯塑料的生产
	环氧氯化烷	环氧氯化烷的生产

级别	毒物名称	行业举例
Ⅱ级 （高度危害）	砷化氢	含砷有色金属矿的冶炼
	敌敌畏	敌敌畏的生产和储运
	光气	光气的制造
	氯丁二烯	氯丁二烯的制造、聚合
	一氧化碳	煤气的制造、高炉炼铁、炼焦
	硝基苯	硝基苯的生产
Ⅲ级 （中度危害）	苯乙烯	苯乙烯的制造、玻璃钢的制造
	甲醇	甲醇的生产
	硝酸	硝酸的制造、储运
	硫酸	硫酸的制造、储运
	盐酸	盐酸的制造、储运
	甲苯	甲苯的制造
	二甲苯	喷漆
	三氯乙烯	三氯乙烯的制造、金属的清洗
	二甲基甲酰胺	二甲基甲酰胺的制造、顺丁橡胶的合成
	六氟丙烯	六氟丙烯的制造
	苯酚	酚树脂的生产、苯酚的生产
	氮氧化物	硝酸的制造
Ⅳ级 （轻度危害）	溶剂汽油	橡胶制品（轮胎、胶鞋等）的生产
	丙酮	丙酮的生产
	氢氧化钠	烧碱的生产
	四氟乙烯	聚全氟乙烯的生产
	氨	氨的制造，氮肥的生产

（二）危险化学品对实验室环境的潜在危害

化学品的毒性可以通过皮肤、消化道及呼吸道被人体吸收而对健康产生危害。掌握正确的实验操作方法，避免误接触及误食化学品能使通过皮肤和消化道吸收的毒物降到最低。而对于通过呼吸道吸收的毒物，由于看不见、摸不着而往往易对人体健康造成伤害。因此，为减少这种伤害，一方面应从改进生产、实验等方式来降低有害物质在空气中的浓度；另一方面，实验人员本身也应对此足够重视，做好防护措施，该戴防护罩时必须戴，不必戴防护罩时也应保持周围空气流通。我国于1979年发布了车间空气卫生标准，规定了毒物的最高容许浓度。

二、危险化学品的腐蚀性

(一)化学腐蚀性物质的分类

凡能腐蚀人体、金属等的物质，称为腐蚀性物质。按腐蚀性的强弱，腐蚀性物质可分为两级，按其酸碱性及其为有机物还是无机物则可分为八类。

(1)一级无机酸性腐蚀物质。这类物质具有强腐蚀性和酸性，主要为一些具有氧化性的强酸，如氢氟酸、硝酸、硫酸、氯磺酸等。还包含遇水能生成强酸的物质，如二氧化氮、二氧化硫、三氧化硫、五氧化二磷等。

(2)一级有机酸性腐蚀物质。这类物质为具有强腐蚀性及酸性的有机物，如甲酸、氯乙酸、磺酸酰氯、乙酰氯、苯甲酰氯等。

(3)二级无机酸性腐蚀物质。这类物质主要是氧化性较差的强酸，如烟酸、亚硫酸、亚硫酸氢铵、磷酸等，以及与水接触能部分生成酸的物质，如四氧化碲。

(4)二级有机酸性腐蚀物质。主要是一些较弱的有机酸，如乙酸、乙酸酐、丙酸酐等。

(5)无机碱性腐蚀物质。这类物质主要为具有强碱性的无机腐蚀物质，如氢氧化钠、氢氧化钾，以及与水作用能生成碱的腐蚀物质，如氧化钙、硫化钠等。

(6)有机碱性腐蚀物质。这类物质主要为具有碱性的有机腐蚀物质，包含有机碱金属化合物和胺类，如二乙醇胺、甲胺、甲醇钠。

(7)其他无机腐蚀物质。这类物质有漂白粉、三氯化碘、溴化硼等。

(8)其他有机腐蚀物质。如甲醛、苯酚、氯乙醛、苯酚钠等。

(二)化学腐蚀性物质的特性

1. 强烈的腐蚀性

具有强烈的腐蚀性为本类物质的共性。它对人体、设备、建筑物、车辆船舶的金属结构等都有很强的腐蚀和破坏作用。

2. 氧化性

腐蚀性物质，如硝酸、浓硫酸、氯磺酸、过氧化氢、漂白粉等，都是氧化性很强的物质，与还原性物质或有机物接触时会发生强烈的氧化还原反应，放出大量的热，容易引起燃烧。

3. 遇水放热性

多种腐蚀性物质遇水会放出大量的热，造成液体四处飞溅，致使人体灼伤。

4. 毒害性

许多腐蚀性物质不但本身毒性大，而且会产生有毒蒸汽，如 SO_2、HF 等。

腐蚀性物质接触人的皮肤、眼睛或进入肺部、食管等会对人体表皮细胞产生破坏作用而造成局部灼伤，灼伤后常引起炎症，甚至造成死亡。固体腐蚀性物质一般直接灼伤表皮，而液体或气体状态的腐蚀性物质(如氢氟酸、烟酸、四氧化二氮等)会很快进入人体内部器官。

5. 燃烧性

许多有机腐蚀性物质不仅本身可燃,而且还能挥发出易燃蒸汽。

三、危险化学品毒性、腐蚀性的防护

(一)防护的基础知识

毒性、腐蚀性是危险化学品的又一重要危险特性。绝大部分危险化学品均具有毒性。例如,氯酸钾既是氧化剂,又是剧毒物品;一氧化碳在《化学品分类和危险性公示通则》(GB13690)中被列为易燃气体,同时又具有毒性;甲酸、氢氟酸既是腐蚀品,同时又有毒,也属于毒害品。因此,许多危险化学品既具有易燃、易爆特性,同时还具有毒性和腐蚀性。危险化学品的毒性和腐蚀性对操作人员的危害分别体现在中毒和化学灼伤两个方面,而危险化学品对物体的危害则主要是对设备、建筑等的腐蚀。

1. 毒物的形态

在一般条件下,毒物常以一定的物理形态,即固体、液体或气体的形式存在,但在危险化学品的生产、使用、储存等过程中,还可以呈现为粉尘、烟尘、雾、蒸汽等形态。

2. 毒物的作用条件

危险化学品的毒性大小或作用特点与其化学结构、理化性质、剂量(或浓度)、环境条件以及个体敏感性等一系列因素有关。一般来说,空气中毒物的浓度越高、接触毒物时间越长,就越容易造成中毒。

(二)防毒、防腐蚀措施

1. 加强化学毒性的防护教育与管理

(1)全面了解毒物的性质,有针对性地采取防护手段。要预防化学中毒,首先必须掌握在实验、生产过程中存在的毒物的种类、泄漏及散发的条件等,然后依据其特点选择防护手段。

(2)健全组织,加强管理,严格执行规章制度和安全操作规程。违章操作、违章检修、设备缺陷或维护不当、不重视防护是发生化学中毒,尤其是急性中毒的重要原因。

(3)加强宣传教育,普及防毒知识提高自救能力。通过宣传教育,提高师生对防毒安全工作重要性的认识,了解防护常识,提高师生自救互救能力。

2. 防毒措施

(1)优化实验工艺或实验路线,消除或改造毒源。在选择工艺路线时,尽量以无毒、低毒物质代替有毒、毒性大的物质进行实验、生产。自动化、密闭化、管道化、连续化的实验、生产过程可以减少人与毒物的接触机会和毒物的泄漏。

(2)保持实验、生产场所的空气新鲜。通风排毒措施可分为两大类,即自然通风和机械通风。一般的要求是保证实验、生产场所有良好的外部条件和足够的换气量。环境中的有害物质浓度不得超过最高容许浓度。

正确使用通风柜、换气扇等设施,防止进风口与出风口短路。另外,对于刚装修好的房间或带空调的房间，一定要经常或定时换气，防止有毒气体聚集。

（3）采取个人防护措施。在使用其他防护措施不能从根本上防毒时，必须采取个人防护措施，以隔离、屏蔽（如防护服、防护眼镜、口罩、鞋帽、防护面罩、防护手套、防音器等）及吸收过滤（如呼吸防护器等）有毒物质。选用合适的防护用品，可以减轻人们受毒物影响的程度，起到一定的保护作用。

养成良好的卫生习惯也是消除和降低化学品毒害性的方法。养成良好的个人卫生习惯，可防止有毒化学品附着在皮肤上，以及有害物质通过皮肤、口腔、消化道侵入人体。例如，不在有毒作业场所吃饭、饮水、吸烟，饭前洗手漱口，勤洗澡，定期清洗工作服等。

3. 防腐蚀措施

（1）不应将腐蚀性化学品和其他易腐蚀物品存放在一起，注意其容器的密封性，并保持实验室内部的通风。

（2）产生腐蚀性挥发气体的实验室，应有良好的局部通风或全室通风，且远离有精密仪器设备的实验室。应将使用腐蚀性物品的实验室设在高层，以使腐蚀性挥发气体向上扩散。

（3）装有腐蚀性物品的容器必须采用耐腐蚀的材料制作。例如，不能用铁质容器存放酸液，不能用玻璃器皿存放浓碱液等。使用腐蚀性物品时，要仔细小心，严格按照操作规程，在通风柜内操作。

（4）酸、碱废液不能直接倒入下水道，应经过处理且达到安全标准后才能排放。应经常检查、定期维修更换腐蚀性气体、液体流经的管道、阀门。

（5）搬运、使用腐蚀性物品要穿戴好个人防护用具。若不慎将酸或碱溅到皮肤或衣服上，可用大量水冲洗。

（6）对散布有酸、碱气体的房间内的易腐蚀器材，要设置专门的防腐罩或采取其他防护措施，以保证器材不被侵蚀。

第五节　剧毒品的管理

一、加强剧毒品管理的重要性

实验室是学校、企业等开展人才培养和科学研究的必备场所，实验室的安全管理，尤其是剧毒品的安全管理对于整个高校的安全和稳定至关重要。许多高校由于学科设置多，涉及剧毒品使用的实验室也多，每年需要使用种类繁多的剧毒物品。与此同时，高校实验室又具有使用频繁，人员集中且流动性大的特点。这充分表明了高校实验室安全状况的复杂性和加强实验室剧毒物品安全管理的重要性，如果剧毒品在购买、储存、转运、使用等环节中管理不善，一旦出了问题，就会给国家和人民群众造成不可估量的损失。所以，对于剧毒品的安全管理，从学校领导、职能机构到相关的师生员工都必须高度重视，严格按照相关规章制度办事，把安全工作抓紧、抓好。

二、剧毒品的采购管理

　　高校剧毒品管理的重点是采购管理、使用管理。学校应成立由保卫处、实验室处（或设备处）或采购中心等职能部门牵头的管理机构，统一领导，分工协作。保卫处负责学校申购剧毒品的审批、储存和使用全过程的监管；实验室处（或设备处）或采购中心负责制定剧毒品的管理办法、剧毒品使用人的培训计划，以及实验室对剧毒品的领用、保管和使用过程的监管；各实验室应有专门人员负责本实验室剧毒品的申购、使用与保管。要形成严密的校内剧毒品管理网，以确保环境安全。剧毒品的购买规定如下：

　　(1)由采购人（必须是教职工）根据实验室需要认真填写《剧毒品请购审批单》，双人签字，一式两份。由所在学院（系）签字盖章，再报保卫处审核，最后由学校采购中心或物资供应部门统一向当地公安局申请，持准购证到公安机关指定的销售单位购买。

　　(2)领用剧毒品应由两人（其中一人必须是教职工）共同持《剧毒品申领审批单》去供应部门库房领取，单独一人不能领取。

　　(3)剧毒品的领用必须按照"谁领用谁负责"的原则进行管理。使用剧毒品的实验室要指定两个专门人员（其中一人必须是教职工）对剧毒品使用的全过程负责。

　　(4)未经保卫处审核、公安机关批准，任何单位和个人都不准通过私人等关系非法购买或接受、赠送剧毒品。持有、使用剧毒物品的单位和个人，均不得将剧毒品私自出售、转让或赠送他人。

三、剧毒品的储存管理

　　(1)剧毒品的储存和保管不能开架存放，均应保存在保险柜内，并应有明显的"剧毒"标志。性质相抵触的剧毒品不能同柜存放，具有腐蚀性的或需要低温保存的剧毒品需单独存放，严禁在楼道里放置剧毒品和剧毒品柜。对于性质不稳定，容易分解变质、散发毒气的剧毒品，要经常检查，发现问题要及时处理。

　　(2)剧毒品的保存和使用必须坚持双人保管，双人收发，双人使用，双人运输，双人双锁的"五双"制度，使用人员和保管人员应具有相应的安全知识和技能，经过培训合格后才可上岗。

　　(3)对剧毒品的品种、数量要进行核查、登记，做到账目清楚、账物相符。

　　(4)设置专、兼职人员，严格执行剧毒品的保管、收发、领取等管理制度。

　　(5)剧毒品购买后应及时入库，不得暂存他处，并且必须经过称量、登记后方可入库。

　　(6)剧毒品的瓶签要有鲜明、醒目的骷髅架的标签，以防混淆。

四、剧毒品的使用管理

　　(1)各学院、各单位的一把手是剧毒品安全管理的第一负责人。各实验室主任是该室剧毒品安全负责人,对本室安全保管、使用剧毒品负责。

(2)剧毒品须由经过相关业务培训的人员使用,使用人员要了解所接触剧毒品的性质、特点和安全防护方法。

(3)使用单位应具有可靠的安全设施、防护设备及防护用具。

(4)使用单位须结合自身的具体情况,建立健全安全操作规程和各种安全规章制度,剧毒品消耗必须严格记录,做到账物相符。

(5)要妥善保管防护用具和盛装研磨、搅拌剧毒物品的专用工具,不得挪作他用,不得乱扔乱放。

(6)建立危险品库(保险柜),严格领取、清退制度。剧毒品要经批准后随用随领,领取数量不得超过当天使用量,剩余的要及时退回给保管人员,禁止开架存放,严禁使用场所私设"小仓库"。

(7)不得自行处理和排放剧毒物品的废渣、废液、废包装等。须妥善保管,废弃物要通过公安机关送到指定的单位进行处理。

(8)与外单位协作项目使用剧毒物品的,应向保卫处申报备案并接受检查。

五、剧毒气体的使用规定

(1)使用场所要配备防毒面具和其他防护用具。

(2)使用中禁止敲击、碰撞气瓶。

(3)瓶阀被冻结时,不得用火烘烤,应该用热水浇开;开瓶时,人要站在出气口侧面。

(4)气瓶不要靠近热源,夏季要防止日光暴晒。

(5)气瓶不得用电磁起重机搬运。

(6)瓶内气体不得用尽,必须留有剩余压力。

(7)盛装易聚合气体的气瓶,不得放置于有放射线的场所。

第六节　废弃物处置与排污管理

一、废弃物的处置方法

废弃物的处置方法有物理法、化学法及生物法。

1. 物理法

物理法主要是利用废液的物理性质和机械作用,对废液进行治理,该方法简便易行,是处理废水的重要方法。物理法包括沉淀法、气浮法、过滤法、吸附法、离子交换法、膜处理法等。沉淀法是利用污染物与水密度的差异,使水中悬浮污染物分离出来,从而达到处理废水的目的。沉淀法可以单独作为废水的处理方法,也可以作为生物法的预处理。气浮法是通过将空气通入废水中,并形成大量的微小气泡,这些气泡附着在悬浮颗粒上，共同快速上浮到水面，来实现颗粒与水的快速分离。形成的浮渣可用刮渣机从气浮池中排出。气浮法适宜于去除密度与水接近的颗粒，如水中的细小悬浮物、藻类、微絮体、悬浮油、乳化油等。过滤法是利用过滤介质将废水中的悬浮物截留。吸附法是利用具有较大吸附能力的吸附剂，如活性炭，使水中的污染物吸附在固体表面而去除的方法。离子交换法是利用离子交换剂的离子交换作用来置换废水中离子态污染物的方法，常用的离子交换剂有沸石、离子交换树脂等。膜处理法是新兴的废水处理技术，是利用半渗透膜进行分子过滤，使废水中的水通过特殊的膜材料，而使水中的悬浮物和溶质被分离在膜的另一边，从而达到处理废水的目的。

2. 化学法

化学法指向废水中加入化学物质，使之与污染物发生化学反应，通过化学反应使污染物转变为无害的新物质，或者转变成易分离的物质，再设法将其分离除去的方法。常见的化学法有中和法、化学沉淀法、氧化还原法、混凝法等。中和法常用于废酸液和废碱液的处理。实验室的废液中有较多的含酸废液和含碱废液，可将两者混合，或加入适宜的化学物质，将溶液的 pH 值调至中性附近，消除其危害。化学沉淀法是通过向废液中投加化学物质，使其与污染物发生反应生成沉淀，再通过沉降、离心、过滤等方法进行固液分离，从而达到去除污染物的目的。该方法是处理含重金属离子废液的最有效的方法。氧化还原法是通过氧化还原反应将废液中的污染物转化为无毒或毒性较小的物质，以达到净化废液目的的方法，电解法也属于氧化还原法。常用的氧化剂有氧气、臭氧、氯气、漂白粉等；常用的还原剂有硫酸亚铁、亚硫酸盐、氯化亚铁、铁屑等。混凝法是通过向废液中加入混凝剂，使得其中的污染物颗粒成絮凝体沉降而达到去除的目的，常用的混凝剂有明矾、硫酸亚铁等。

3. 生物法

生物法是利用微生物的新陈代谢作用将有机污染物降解，本法适用于含有机污染物的废水的处理。生物法可分为好氧生物处理法、厌氧生物处理法以及生物酶法。好氧生物处理法是微生物在有氧的条件下，利用废水中的有机污染物质作为营养源进行新陈代谢活动，使有机污染物被降解及转化的方法。厌氧处理法是利用厌氧微生物或兼氧微生物将有机物降解为甲烷、二氧化碳等物质的方法。生物酶处理法指在废水中加入酶制剂，使有机污染物与酶反应形成游离基，然后游离基发生化学聚合反应生成高分子化合物沉淀而被去除的方法。

二、不同种类废弃物的安全处置

(一)高浓度液体废弃物的处置

(1)应尽可能回收并利用危险化学品使用过程中所产生的废气、废液、废渣和粉尘。各学院、使用单位须指定专人负责收集、存放、监督、检查有毒、有害废液的管理工作。

(2)实验产生的废液不能直接倒入下水道或普通垃圾桶。高浓度的无机废酸液、废碱液需经中和、分解等处理，确认安全后，方能倒入密闭废液缸，然后按下述（3）

处置。

（3）对实验使用后多余的、新产生的或失效（包括标签丢失、模糊）的危险化学品，严禁乱倒乱丢。实验室负责将各类废弃物品分类包装（不要将有混合危险的物质放在一起），贴好标签后送学校规定的废弃化学物品储存（回收）点暂存。储存（回收）点附近严禁明火。

（4）委托具有处理资质的单位对废弃化学品进行销毁处理。应注意要及时清理，不能大量囤积。

（5）销毁处理废弃剧毒物品时必须集中收缴、储存，并经公安、环保等有关部门同意后，采取严密措施，统一处置。

（二）低浓度废水的排放

在实验过程中会产生一定量的有机或无机废水，对于低浓度的洗涤废水和无害废水可通过排入下水道进入废水处理系统，但其有害物质的浓度不得超过国家和环保部门规定的排放标准。根据 GB18466—2005《污水综合排放标准》，第一类、第二类污染物的排放标准分别如表 3-7 和表 3-8 所示。

（三）废气处理

实验产生的废气应达到国家相关排放标准后才能排入大气，不能达标的应使用中和、吸收等适当措施，处理达标后排放。根据 GB16297—1996《大气污染物综合排放标准》及 GB20426—2006《煤炭工业污染物排放标准》，对于已有的污染源和新建污染源，分别制定了控制标准，其中新建污染源的大气污染排放标准如表 3-9 所示。

表 3-7　第一类污染物最高允许排放浓度(单位：mg/L)

序号	污染物	最高允许排放浓度
1	总汞	0.05
2	烷基汞	不得检出
3	总镉	0.1
4	总铬	1.5
5	六价铬	0.5
6	总砷	0.5
7	总铅	1.0
8	总镍	1.0
9	苯并芘	0.00003
10	总铍	0.005
11	总银	0.5
12	总 α 放射性	1Bq/L

表 3 - 8　第二类污染物最高允许排放浓度(单位：mg/L)

序号	类别	适用范围	一级标准	二级标准	三级标准
1	pH	一切排污单位	6～9	6～9	6～9
2	色度(稀释倍数)	一切排污单位	50	80	—
3	悬浮物(SS)	采矿、选矿、选煤工业	70	300	—
		脉金选矿	70	400	—
		边远地区砂金选矿	70	800	—
		城镇二级污水处理厂	20	30	—
		其他排污单位	70	150	400
4	五类生化需氧量(BOD5)	甘蔗制糖、酒精、味精、皮革、维板、燃料、洗毛工业	20	60	600
		甜菜制糖、酒精、味精、皮革、化纤浆粕工业	20	100	600
		城镇二级污水处理厂	20	30	—
		其他排污单位	20	30	300
5	化学需氧量(COD)	甜菜制糖、合成脂肪酸、湿法纤维板工艺、燃料加工及有机磷农药合成	100	200	1000
		味精、酒精、医药原料药、生物制药、皮革、化纤浆粕工业	100	300	1000
		石油化工工业(包括石油炼制)	60	120	—
		城镇二级污水处理厂	60	120	500
		其他排污单位	100	150	500
6	石油类	一切排污单位	5	10	20
7	动植物油	一切排污单位	10	15	100
8	挥发酚	一切排污单位	0.5	0.5	2.0
9	总氰化合物	一切排污单位	0.3	0.5	1.0
10	硫化物	一切排污单位	1.0	1.0	1.0
11	氨氮	医药原料药、燃料、石油化工工业	15	50	—
		其他排污单位	15	50	—

序号	类别	适用范围	一级标准	二级标准	三级标准
12	氟化物	黄磷工业	10	15	20
		低氟地区（水体含氟量＜0.5mg/L）	10	20	30
		其他排污单位	10	10	20
13	磷酸盐	一切排污单位	0.5	1.0	—
14	甲醛	一切排污单位	1.0	2.0	5.0
15	苯胺类	一切排污单位	1.0	2.0	5.0
16	硝基苯类	一切排污单位	2.0	3.0	5.0
17	阴离子表面活性剂（LAS）	一切排污单位	5.0	10	20
18	总铜	一切排污单位	0.5	1.0	2.0
19	总锌	一切排污单位	2.0	5.0	5.0
20	总锰	合成脂肪酸工业	2.0	5.0	5.0
		其他排污单位	2.0	2.0	5.0
21	彩色显影剂	电影洗片	1.0	2.0	3.0
22	显影剂中氧化物	电影洗片	3.0	3.0	6.0
23	元素磷	一切排污单位	0.1	0.1	0.3
24	有机磷农药（以 P 计）	一切排污单位	不得检出	0.5	0.5
25	乐果	一切排污单位	不得检出	1.0	2.0
26	对硫磷	一切排污单位	不得检出	1.0	2.0
27	甲基对硫磷	一切排污单位	不得检出	1.0	2.0
28	马拉硫磷	一切排污单位	不得检出	5.0	10
29	五氯酚及五氯酚钠（以五氯酚计算）	一切排污单位	5.0	8.0	10
30	可吸附有机卤化物（AOX）	一切排污单位	1.0	5.0	8.0
31	三氯甲烷	一切排污单位	0.3	0.6	1.0
32	四氯化碳	一切排污单位	0.03	0.06	0.5
33	三氯乙烯	一切排污单位	0.3	0.6	1.0
34	四氯乙烯	一切排污单位	0.1	0.2	0.5
35	苯	一切排污单位	0.1	0.2	0.5
36	甲苯	一切排污单位	0.1	0.2	0.5
37	乙苯	一切排污单位	0.4	0.6	1.0

续表

序号	类别	适用范围	一级标准	二级标准	三级标准
38	邻-二甲苯	一切排污单位	0.4	0.6	1.0
39	对-二甲苯	一切排污单位	0.4	0.6	1.0
40	间-二甲苯	一切排污单位	0.4	0.6	1.0
41	氯苯	一切排污单位	0.2	0.4	1.0
42	邻-二氯苯	一切排污单位	0.4	0.6	1.0
43	对-二氯苯	一切排污单位	0.4	0.6	1.0
44	对-硝基氯苯	一切排污单位	0.5	1.0	5.0
45	2，4-二硝基氯苯	一切排污单位	0.5	1.0	5.0
46	苯酚	一切排污单位	0.3	0.4	1.0
47	间-甲酚	一切排污单位	0.1	0.2	0.5
48	2，4-二氯酚	一切排污单位	0.6	0.8	1.0
49	2，4，6-三氯酚	一切排污单位	0.6	0.8	1.0
50	邻苯二甲酸二丁酯	一切排污单位	0.2	0.4	2.0
51	邻苯二甲酸二辛酯	一切排污单位	0.3	0.4	2.0
52	丙烯腈	一切排污单位	2.0	5.0	5.0
53	总硒	一切排污单位	0.1	0.2	0.5
54	粪大肠杆菌	医院、兽医院及医疗机构含病原体废液	500 个/L	1000 个/L	5000 个/L
		传染病、结核病医院废液	100 个/L	500 个/L	1000 个/L
55	总余氯(采用氯化消毒的医院污水)	医院、兽医院及医疗机构含病原体废液	<0.5	<3(接触时间≥1h)	<2(接触时间≤1h)
		传染病、结核病医院污水	<0.5	<6.5(接触时间≤1.5h)	<5(接触时间≤1.5h)
56	总有机碳(TOC)	合成脂肪酸工业	20	40	—
		苎麻脱胶工业	20	60	—
		其他排污单位	20	30	—

注：1. 排入 GB3838 Ⅲ类水域(划定的保护区和游泳区除外)和排入 GB3097 中二类海域的污水，执行一级标准。2. 排入 GB3838 中Ⅳ、Ⅴ类水域和排入 GB3097 中三类海域的污水，执行二级标准。3. 排入设置二级污水处理厂的城镇排水系统的污水，执行三级标准。4. 排入未设置二级污水处理厂的城镇排水系统的污水，必须根据排水系统出水受纳水域的功能要求，分别执行 1 和 2 的规定。

表 3-9 新建污染源大气污染物排放限值

序号	污染物	最高允许排放浓度/(mg/m³)
1	二氧化硫	960（硫、二氧化硫、硫酸和其他含硫化合物的生产）
		550（硫、二氧化硫、硫酸和其他含硫化合物的使用）
2	氮氧化物	1400（硝酸、氮肥和火炸药的生产）
		240（硝酸的使用）
3	颗粒物	18（炭黑尘、燃料尘），60（玻璃棉尘、石英粉尘、矿渣棉尘），120（其他）
4	氟化氢	100
5	铬酸雾	0.07
6	硫酸雾	430（火炸药厂），45（其他）
7	氟化物	90（普钙工业）、9.0（其他）
8	氯气	65
9	铅及其化合物	0.7
10	汞及其化合物	0.012
11	镉及其化合物	0.85
12	铍及其化合物	0.012
13	镍及其化合物	4.3
14	锡及其化合物	8.5
15	苯	12
16	甲苯	40
17	二甲苯	70
18	酚类	100
19	甲醛	25
20	乙醛	125
21	丙烯腈	22
22	丙烯醛	16
23	氰化氢	1.9
24	甲醇	190
25	苯胺类	20
26	氯苯类	60
27	硝基苯类	16
28	氯乙烯	36
29	苯并芘	0.3×10^3（沥青及碳素制品的生产和加工）
30	光气	3.0
31	沥青烟	140（吹制沥青），40（熔炼、浸涂），75（建筑搅拌）
32	石棉尘	每立方厘米1根纤维或10mg/m³
33	非甲烷总烃	120（溶剂汽油或其他混合烃类物质的使用）

注：排放氯气、氰化氢、光气的排气筒不得低于25m。

(四)固体废弃物的处理

实验室产生的有害固体废弃物通常量不多，但也不能与生活垃圾混在一起丢弃，必须按规定进行处理，处理方法有化学稳定、土地填埋、焚烧、生物处理等。若固体废弃物可以燃烧，应及时焚烧；若为非可燃性固体废弃物，应加入漂白粉进行氯化消毒后，进行填埋；一次性使用制品，如手套、帽子、口罩、滴管等，使用后应放入指定容器收集后焚烧；可重复利用的玻璃器材，可先用1~3g/L有效氯溶液浸泡2~3小时，再清洗后重新使用或废弃；盛装标本的玻璃、塑料、搪瓷容器，可煮沸15分钟，或用1g/L有效氯漂白粉澄清液浸泡26小时消毒后，再用洗涤剂及清水刷洗、沥干，若容器曾用于微生物培养，须经压力蒸汽灭菌后方能使用。

1. 固体废弃物的预处理

固体废弃物复杂多样，其形状、大小、结构与性质各异，为了使其更适合运输、贮存、资源化利用，以及变成可利用的某一特定的状态，往往需要对其进行前期准备加工，即预处理。预处理的目的是使废弃物的容积减小以利于运输、贮存、焚烧或填埋等。固体废弃物的预处理一般可分为两种情况：一种为作业之前的预处理，主要包括筛分、分级、压实、破碎和粉磨等操作，使得废弃物单体分离或分成适当的级别，更有利于下一步工序的进行；另一种为运输前或处理前的预处理，通过物理或化学的方法来完成，主要包括破碎、压缩和各种固化方法等的操作。预处理操作常常涉及其中某些目标物质的分离和集中，同时，往往又是有用成分回收的过程。

2. 固体废弃物的处理

(1)物理法处理固体废弃物：物理法处理固体废弃物指通过利用固体废弃物的物理化学性质，用合适的方法从其中分选或者分离出有用和有害的固体物质。常用的分选方法有：重力分选、电力分选、磁力分选、弹道分选、光电分选、浮选和摩擦分选等。

(2)化学法处理固体废弃物：化学法处理固体废弃物指通过让固体废弃物发生一系列的化学变化，进而转化成能够回收的有用物质或能源的过程。常见的化学处理方法有煅烧、焙烧、烧结、热分解、溶剂浸出、电离辐射等。

(3)生物法处理固体废弃物：生物法处理固体废弃物指利用微生物的作用来处理固体废弃物。此方法主要是利用微生物本身的生物化学作用，使复杂的有机物降解为简单的小分子物质，使有毒的物质转化成为无毒的物质。常见的生物处理法有沼气发酵和堆肥。

3. 固体废弃物的最终处理

对于没有任何利用价值或暂时不能回收利用的有毒有害固体废弃物，就需要进行最终处理。常见的最终处理方法有焚烧法、掩埋法、海洋投弃法等。但是，固体废弃物在掩埋和投弃入海洋之前都需要进行无害化的处理，而且深埋点应在远离人类聚集的指定的地点，并要对掩埋地点做记录。

(五)剧毒化学品的处理

1. 溴化乙锭的处理

溴化乙锭是一种高度灵敏的荧光染色剂，用于观察琼脂糖和聚丙烯酰胺凝胶中的

DNA。溴化乙锭用 302nm 紫外光透射仪激发并放射出橙红色信号，可用 Polaroid 底片或带 CCD 成像头的凝胶成像处理系统拍摄。溴化乙锭可以嵌入碱基分子中，导致错配。许多人认为溴化乙锭是强诱变剂，具有高致癌性。人们认为溴化乙锭有致癌性是因为将其用于试管细胞培养时，溴化乙锭能够抑制细胞生长。虽然溴化乙锭可以嵌入碱基分子中，导致错配，但是它并不能通过皮肤进入细胞内。溴化乙锭的处理主要有以下几种方法：

方法一：用水将其稀释到 0.5mg/mL 以下，加 1 体积 0.5mol/L $KMnO_4$；加 1 体积 2.5mol/L HCl，室温放置 2～3 小时；加 1 体积 2.5mol/L NaOH，倒掉。

方法二：用水将其稀释到 0.5mg/mL 以下，加等体积的漂白粉，搅拌 4 小时，静置 4 天，用 NaOH 调至 pH 4～9，倒入排水沟的同时用大量水冲。

方法三：用水将其稀释到 0.5mg/ml 以下，加 12mL 0.5 mol/L 的 $NaNO_3$，搅拌并静置 20 小时，用 NaOH 调至 pH4～9，倒入排水沟的同时用大量水冲。

方法四(凝胶)：凝胶中的溴化乙锭(EB)浓度如果小于 0.1%(一般实验室凝胶都在此浓度以下)，可以直接扔掉。如果溶液发红，即浓度大于或等于 0.1%，应放入生物危害柜中焚烧。

方法五：胶头滴管吸头、离心管、手套等溴化乙锭污染物，用焚烧法处理。

2. 聚丙烯酰胺凝胶电泳与有毒、有害物质的处理

聚丙烯酰胺凝胶电泳在生物化学实验中是常用的实验手段，涉及蛋白质分离纯化及鉴定、蛋白质分子量及等电点测定的实验都会使用到该方法，如"聚丙烯酰胺凝胶电泳分离蛋白质""SDS 聚丙烯酰胺凝胶电泳法测定蛋白质的相对分子量""聚丙烯酰胺凝胶等电聚焦法测定蛋白质等电点"等实验。在聚丙烯酰胺凝胶制备过程中常用到以下有毒、有害物质。

(1)丙烯酰胺。本品有很强的神经毒性，同时还有生殖、发育毒性。神经毒性作用表现为周围神经退行性变化和脑中涉及学习、记忆和其他认知功能部位的退行性变化。实验还显示丙烯酰胺是一种可能致癌物。丙烯酰胺可通过皮肤吸收及呼吸道进入人体，累积毒性，且不容易排出。因此，称量固体丙烯酰胺粉末和处理它们的溶液时必须戴手套和口罩。当丙烯酰胺聚合为聚丙烯酰胺凝胶时则转变为无毒物质，但操作时仍要小心凝胶内可能有少量未聚合的丙烯酰胺。

(2)亚甲基双丙烯酰胺。本品为丙烯酰胺形成凝胶的交联剂，具有一定的毒性，对眼睛、皮肤和筋膜有轻微刺激。实验中称量本品的固体粉末以及处理其溶液时需戴手套和口罩，应避免本品与人体长时间直接接触，误触时应用清水洗净。

(3)四甲基乙二胺(TEMD)。本品是形成凝胶反应所用的加速剂，具有强神经毒性，应防止误吸，进行涉及本品的操作时应快速，存放时应密封。

(4)过硫酸铵。本品为丙烯酰胺与亚甲基双丙酰胺进行化学聚合的引发剂，对黏膜和上呼吸道组织、眼睛和皮肤有极大危害性，吸入或直接接触可致命。操作时需戴合适的手套、安全眼镜和面罩，并始终在通风橱内操作，操作完应彻底洗手。

(5)十二烷基硫酸钠(SDS)。本品为一种阴离子表面活性剂，可与蛋白质形成复合

物，用于测定蛋白质分子量。SDS 有毒，是一种强刺激物，能对眼睛造成严重损伤，可因吸入、摄入或皮肤吸收而损害人体健康。称量及配制其溶液时应避免吸入粉末，需戴合适的手套、面罩和护目镜。

（6）巯基乙醇。本品在测定蛋白质分子量时用于样品的处理。吸入、摄入或经皮肤吸收本品后会导致人体中毒，中毒表现有发绀、呕吐、震颤、头痛、惊厥、昏迷，甚至死亡。本品对眼、皮肤有强烈刺激性，同时可造成水体污染。使用本品时应在通风橱内操作，操作时应佩戴面罩、乳胶手套。

（六）其他有毒、有害物质的处理

"氨基酸的分离与鉴定"也是生物化学的基础实验，茚三酮是氨基酸的显色剂，一般可配成溶液装入喷雾器中喷雾使用，经消化道摄入或口鼻吸入后可对人体产生危害，对眼、呼吸系统和皮肤均有刺激作用。使用中应避免吸入其蒸汽并避免与眼接触，操作时应佩戴橡胶或塑料手套、面罩以及护目镜。

在生物化学实验中，除上述有毒、有害物质外，还有一些物质也有一定的毒性，在使用中也应注意防护，如在蛋白质染色过程中用到的考马斯亮蓝，脂肪提取中用到的乙酸，鸡卵和蛋白分离中使用的三氯乙酸等。

第四章 生物安全防护

近年来，实验室生物安全问题受到了广泛重视，为此我国先后颁布了《农业转基因生物安全管理条例》《病原微生物实验室生物安全管理条例》和《实验室生物安全通用要求》等相关的条例与规范，以加强实验室生物安全管理，防止事故发生。

第一节　生物安全的基本概念

一、生物安全的定义

生物安全是指在一定的时间和空间内，自然生物或人工生物及其产品对人类健康和生态系统可能产生潜在风险的防范和现实危害的控制。外来物种迁移对当地生态系统的破坏性影响；人为造成的环境变化对生物多样性的危害；在实验室进行的科学研究中，经遗传变异的生物体和危险的病原体等可能对人类健康、生存环境造成的危害等，均属于生物安全问题。

实验室生物安全是指为了避免各种有害生物因子造成的实验室生物危害而采取的防护措施(硬件)和管理措施(软件)。

实验室生物安全保障则是指单位和个人为防止实验室自然和人工生物丢失、滥用、转移或有意释放而采取的安全措施。有效的生物安全规范是实验室生物安全保障的根本。

二、基于生物安全定义的病原微生物分类

国家根据病原微生物的传染性、感染后对个体或者群体的危害程度，将病原微生物分为以下四类：

第一类病原微生物，是指能够使人类或者动物患非常严重疾病的微生物，以及我国尚未发现或者已经宣布消灭的微生物。

第二类病原微生物，是指能够使人类或者动物患严重疾病，比较容易直接或者间接在人与人、动物与人、动物与动物间传播的微生物。

第三类病原微生物，是指能够使人类或者动物患病，但在一般情况下对人、动物

或者环境不构成严重危害，传播风险有限，实验室感染后很少引起严重疾病的微生物。人类对这种微生物所引发的疾病已具备有效的治疗和预防措施。

第四类病原微生物，是指在通常情况下不会使人类或者动物患病的微生物。

第一类、第二类病原微生物统称为高致病性病原微生物。

三、微生物危险度等级

感染性微生物的危险度等级可根据其对个体及群体的危害程度分为以下四级（表 4-1）：

(1)危险度 1 级(无危险或极低的个体和群体危险)：微生物不太可能引起人类或者动物致病。

(2)危险度 2 级(个体危险程度中等，群体危险程度低)：微生物能够引起人类或者动物致病，但对实验室工作人员、社区、牲畜或环境不易造成严重危害。若在实验室感染，有有效的预防和治疗措施，并且传播范围有限。

(3)危险度 3 级(个体危险程度高，群体危险程度低)：微生物能够使人类或者动物得严重疾病，但一般不会发生感染者个体间的传播，并且对感染有有效的预防和治疗措施。

(4)危险度 4 级(个体和群体的危险程度均高)：微生物能够使人类或者动物得严重疾病，一般无有效防治措施，且很容易发生个体之间的传播。

表 4-1 微生物危险度等级相对应的生物安全水平、操作和设施对照表

危险度	生物安全水平	实验室类型	实验室操作	安全设施
1 级	基础实验室	基础的教学、研究	GMT	不需要；开放实验台
2 级	基础实验室	初级卫生服务；诊断、研究	GMT 加防护服、生物危害标志	开放实验台，BSC 用于防护可能生成的气溶胶
3 级	防护实验室	特殊的诊断、研究	在二级生物安全防护水平上增加特殊防护服、进入制度、定向气流	BSC 和/或其他所有实验室工作所需要的基本设备
4 级	最高防护实验室	危险病原体研究	在三级生物安全防护水平上增加气锁入口、出口淋浴、污染物品的特殊处理	Ⅲ级 BSC 或Ⅱ级 BSC 并穿着正压服、双开门高压灭菌器

四、生物安全实验室等级

生物安全实验室等级与危险度等级相对应，生物安全实验室分为四级，一级实验

室防护水平最低,四级实验室防护水平最高(表4-2)。

表4-2　生物安全实验室水平分级对应表

名称	洁净度级别	换气次数/(次/时)	相邻相通房间的压力差/Pa	温度/℃	相对湿度/%	噪声/dB	最低照度/lx
一级	—	可自然通风	—	16～28	≤70	≤60	300
二级	8～9	可循环风 ≤50% 8～10	−10～−5	18～27	30～65	≤60	300
三级	7～8	全新风: 10～15 主要保护环境: 可回风≤30%	−25～−15	20～26	30～60	≤60	500
四级	7～8	全新风: ＞10～15	−30～−20	20～25	30～60	≤60	500

一级生物安全实验室(BSL-1)指实验室结构设施、安全操作规程、安全设备健康成年人接触后不会引起疾病,且应配备消毒设施等,如用于教学的普通微生物实验室等,具有Ⅰ级防护水平(图4-1)。

二级生物安全实验室(BSL-2)指实验室结构设施、安全操作规程、安全设备健康成年人接触会引起发病但不严重,且应配备生物安全柜等,并有明显的标识,具有Ⅱ级防护水平(图4-1)。

一级生物安全实验室

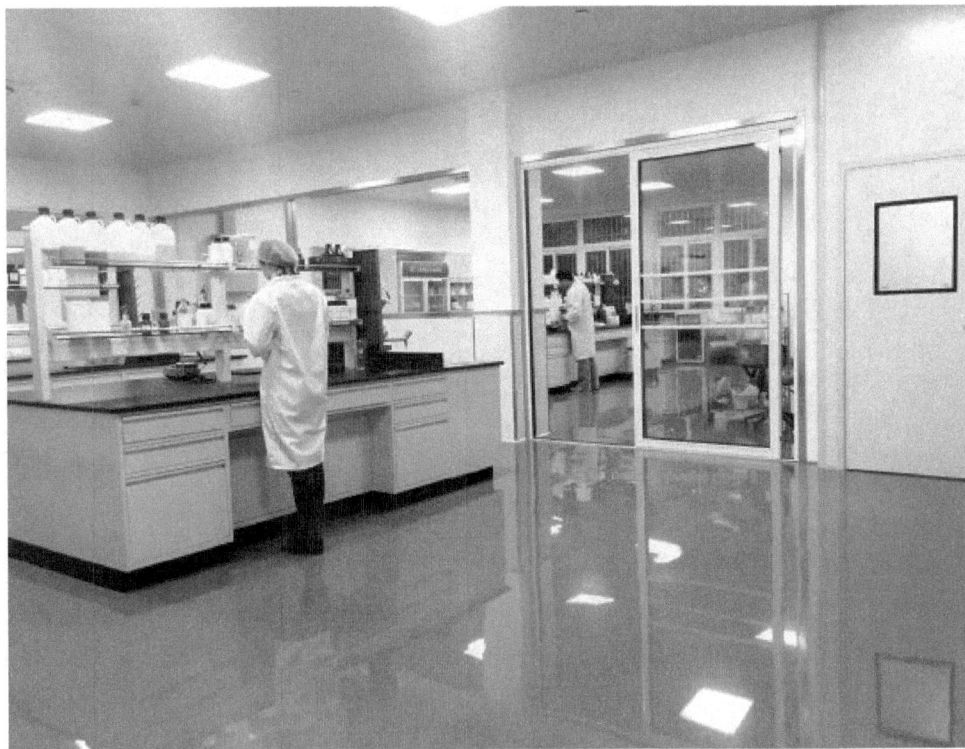

二级生物安全实验室

三级生物安全实验室

四级生物安全实验室

图 4-1　各等级生物安全实验室实拍图

三级生物安全实验室(BSL-3)指实验室结构设施、安全操作规程、安全设备适用于研究可引起健康成年人严重甚至致死疾病的致病微生物及其毒素的实验室,具有Ⅲ级防护水平(图 4-1)。

四级生物安全实验室(BSL-4)指实验室结构设施、安全操作规程、安全设备适用于研究可引起健康成年人严重疾病、造成个体间传播,且目前尚无有效的疫苗或治疗方法的致病微生物及其毒素的实验室,其实验室空气经过过滤,具有Ⅳ级防护水平。

第二节　生物实验室安全管理及防护

每个进入生物实验室的学生都应严格遵守《生物实验室安全管理制度》和《生物操作规程》。规范的生物学操作技术和完善的生物实验室规章制度是保障生物实验室安全的根本。

一、生物实验室安全管理内容

(1)实验室主任负责制定生物安全管理计划以及生物实验室安全管理制度,并负责落实和检查其执行情况。

(2)实验室主任应当保证提供常规的实验室安全培训,使进入实验室的人员清楚地了解工作中可能存在的与实验相关的风险,以及防范措施。要求他们认真阅读操作规程，熟练掌握并严格遵循。

（3）生物实验室应当制定节肢动物和啮齿动物的控制方案，以及事故发生的应急预案。

（4）实验室应为所有人员提供合适的健康监测和治疗机会，如定期体检，并应将相应的医学记录存档。

二、生物实验室进入规定

（1）在一级以上生物安全实验室入口处的显要位置，应张贴国际通用的生物危险标志并标明生物安全级别。

（2）只有经过批准的实验室工作人员方可进入实验室工作区域，在开展有关传染病源的工作时，应禁止或限制患有免疫缺陷或有免疫抑制的人员进入实验室。

（3）实验室的门应通常保持关闭。

（4）进入动物房应经过特殊批准，儿童不允许进入实验室工作区域。

（5）进入实验室应穿戴工作服。

（6）与实验室工作无关的物品应放在工作区域外，不得带入实验室。

（7）实验室主任对决定进出人员负有最终责任。

三、生物实验室操作规范

（1）必须用机械装置移液，在实验过程中严禁用口协助做实验。

（2）所有的技术操作应仔细、规范，要按尽量减少气溶胶和微小液滴形成的方式来进行操作。

（3）应限制使用皮下注射针头和注射器。除了进行肠道外注射或抽取实验动物体液外，皮下注射针头和注射器不能用于替代移液管或用作其他用途。

（4）出现溢出事故以及明显可能发生事故时，必须及时向实验室负责人汇报，及时启动应急预案进行适当的医学观察、治疗，并将记录存档。

（5）必须制定关于如何处理紧急事故的操作程序，并予以遵守执行。

（6）受污染的液体在排放到生活污水管道以前必须进行污染清除的处理。

（7）在实验室内，没有受到污染的书面文件才能带出实验室。

（8）实验室每天至少消毒一次，活体溅出时，须及时进行台面消毒。

四、生物安全实验室防护基础

（1）进入生物安全实验室必须穿专用工作服，离开时必须更换衣服，不得将工作服带出实验室。

（2）在可能接触到血液、体液以及其他具有潜在感染性材料或动物的操作时，应戴上合适的工作手套。若手上皮肤有破损或皮疹，也应戴手套。操作完毕后，手套应先消毒再摘除，随后必须洗手。

（3）在处理生物危险材料时，必须戴上手套。处理完材料后需要彻底洗手，常使用普通肥皂清洗，必要时可使用杀菌肥皂清洗。洗手时，手部要完全涂抹上肥皂，搓洗至少10秒，清水冲洗后将手烘干。在必须使用手控水龙头时，应使用干净纸巾或毛巾来关上水龙头，以防止再度污染洗净的手。双手的轻度污染也可用酒精来清除。

(4)在处理危险材料时，为了防止眼睛或面部受到伤害，必须使用安全眼镜、面罩（面具）或其他防护设备。

(5)严禁在实验室工作区域进食、化妆及开展与实验无关的事项。

(6)在实验室更衣室中，应将工作服与日常便装分开放置。

(7)定期接受预防接种和各种疫苗注射。

第三节　生物废弃物的处置

一、常规生物废弃物的处理

废弃物指要丢弃的生物安全实验室的物品。在实验室内，废弃物最终的处理方式与其污染及清除的情况密切相关。大多数的玻璃器皿、仪器以及实验服都需要重复使用。

废弃物处理的首要原则是所有感染性材料必须在实验室内的专用污染物处理区域进行污染清除、高压灭菌或焚烧。用以处理潜在感染性微生物或动物组织的所有实验室物品，在被丢弃前还应遵循以下原则：

(1)按规定程序对污染物进行有效清除或消毒。

(2)对没有清除污染或消毒的物品，按规定的方式和要求，请专业处理公司进行处理。

(3)丢弃已清除污染的物品时应考虑到丢弃物对可能接触到丢弃物的人员造成的危害。

二、污染废弃物的清除

高压蒸汽灭菌是清除污染最常用的方法。应将需要清除污染并丢弃的物品装在容器中，可根据内容物是否需要进行高压灭菌或焚烧而采用不同颜色标记的可以高压灭菌的塑料袋，填装完毕后进行灭菌处理。也可采用其他可以杀灭微生物的替代方法。

三、锐器废弃物的处理

皮下注射针头不能重复使用，应将使用过的针头（包括单独使用或带针头使用的一次性注射器）完整地置于盛放锐器的一次性容器中。盛放锐器的一次性容器必须是不易刺破的，且不能装太满。当达到容器容量的四分之三时，应将其放入"盛放感染性废弃物"的容器中进行焚烧，有必要时，也可以先进行高压灭菌处理。使用过的盛放锐器的一次性容器必须请专业公司处理。

第四节　微生物实验安全操作规范

微生物实验室的布局和设计应考虑实验操作的便捷性和安全性。

一、典型微生物实验操作规范概述

典型微生物实验操作规范的本质是最大限度地减少微生物菌种的交叉污染，规范微生物实验室内仪器、设备的安全操作程序及染菌的微生物培养物处理程序，保证微生物实验室安全操作。

(一)高压灭菌锅的安全使用操作规范

(1)堆放：将需灭菌的物品予以妥善包装，依次堆放在灭菌锅。需在灭菌物品外粘贴高压指示胶带以检验灭菌温度是否达到要求。

(2)加水：灭菌锅内注入生活用水，水位需超过电热管2cm以上(不宜过多)；连续使用时，每次操作前，必须补足上述水位，以免烧坏电热管发生意外。

(3)密封：每次使用高压灭菌锅前，须认真检查灭菌锅出气阀和安全阀，确保其状态完好，如有故障，在故障排除之前不得使用。把堆放好物品的灭菌桶放在锅体内，盖上锅盖并锁紧。

(4)加热灭菌：将灭菌器接通电源，指示灯亮，表示电源已正常输入，按下开始按钮电热管开始加热工作；灭菌期间工作人员需监视高压锅指示面板上的压力、温度和时间等。

(5)开盖：灭菌结束后，切勿立即将灭菌锅内的蒸汽排出，应待压力表指针归零位后，方可开启锅盖。

(二)电炉使用操作程序及注意事项

(1)将盛有液体的玻璃容器(应垫石棉网)或不锈钢器皿置于电炉上后，方可打开电炉加热。

(2)电炉在使用过程中应有人在场，注意观察容器内液体加热情况，避免液体溢出，造成事故。

(3)电炉使用完毕，应立即关闭电源；或在离开微生物实验室时，及时拔下电源插头。

(三)生物安全柜操作规范

(1)确认玻璃窗处于关闭位置后，打开紫外灯，对安全柜内工作空间进行灭菌。灭菌结束后，关闭紫外灯。安全柜使用前后均需灭菌。

(2)抬起玻璃门至正常工作位置。打开外排风机、荧光灯及内置风机。检查回风格栅，使之不要被物品堵塞。在无任何阻碍状态下，让安全柜至少工作10分钟。

(3)用消毒液彻底清洗手及手臂。穿工作服，戴橡胶手套并套在袖口上，如有必要，可戴防护眼镜和防护面罩。

（4）尽量避免使用可干扰安全柜内气流流动的装置和程序。在操作期间，避免随便移动材料，避免操作者的手臂在前方开口处频繁移动，尽量减少气流干扰。尽量不要使用明火。

（5）全部工作结束后，用70％的乙醇或适当的中性消毒剂擦拭安全柜内表面，让安全柜在无任何阻碍的情况下继续至少工作5分钟，以清除工作区域内浮沉的污染。

（四）废弃物处理规范和注意事项

（1）锐器：皮下注射针头不可重复使用，应将其完整地置于专用的一次性锐器盒中按医院内医疗废弃物处置规程进行处置。盛放锐器的一次性容器绝对不能丢弃于生活垃圾中。

（2）高压灭菌后重复使用的污染材料：任何高压灭菌后重复使用的污染材料不应事先清洗，任何必要的清洗、修复必须在高压灭菌或消毒后进行。丢弃前需消毒。消毒方法首选高压蒸汽灭菌，其次为2000mg/L的有效氯消毒液浸泡消毒。

（五）其他注意事项

（1）接触微生物或含有微生物的物品后，在脱掉手套后和离开实验室前要洗手。

（2）禁止在工作区饮食、吸烟、处理隐形眼镜、化妆及储存食物。

（3）只有经过批准的人员方可进入实验室工作区域。实验室的门应保持关闭。

（4）实验过程中，应严格按有关操作规程操作，以降低溅出风险和气溶胶的产生。

（5）每天至少消毒工作台面一次，活性物质溅出后要随时用75％乙醇或巴氏消毒液消毒。

二、微生物实验通用操作介绍

（一）消毒和灭菌技术

消毒（disinfection）与灭菌（sterilization）的意义有所不同。消毒一般指利用物理或化学方法消灭病原菌或有害微生物的营养体，而灭菌则是指利用强烈的物理或化学方法杀灭一切微生物的营养体、芽孢和孢子。在日常生活中两者经常通用。灭菌一般可分为物理灭菌和化学灭菌两大类。

1. 物理灭菌

物理灭菌是最常用的灭菌方法，主要包括热力学灭菌、过滤除菌和紫外线灭菌等。

（1）热力学灭菌：又可分为干热灭菌和湿热灭菌两大类。

1）干热灭菌：主要原理是利用高温使微生物的蛋白质凝固变性从而达到灭菌的目的。细胞内蛋白质的凝固性与其本身的含水量有关，菌体受热时，当环境和细胞内含水量越大，蛋白质凝固越快；含水量越小，凝固减慢。因此，与湿热灭菌相比，干热灭菌所需温度更高（160～170℃），时间更长（1～2小时）。进行干热灭菌时最高温度不能超过180℃，否则，包扎器皿的纸或棉塞就会被烤焦，甚至引起燃烧。通常所说的干热灭菌是指利用干燥箱（或称烘箱）进行灭菌，主要用于玻璃器皿，如培养皿、移液管和接种工具等的灭菌。灭菌时将被灭菌的物体用双层报纸包好或装入特制的灭菌筒内，装入箱中，不要摆的太挤，以免妨碍热空气流通，逐渐加温，使温度上升至 160～170℃后，保持至灭菌结束，切断电源，自然降温，待箱内温度降至 70℃以下后，才能打开箱门，取出灭菌物品。注意在温度降至 70℃以前切勿打开箱门，以免玻璃器皿炸裂。

另外，灼烧灭菌也属于干热灭菌。在进行无菌操作时，接种工具，如接种环、接种钩、接种铲等，要在酒精灯火焰上充分灼烧，试管口、菌种瓶口需做短暂灼烧灭菌等。

2）湿热灭菌：具体如下。

a. 高压蒸汽灭菌：此法是将待灭菌的物品放在一个密闭的加压灭菌锅内，通过加热，使灭菌锅隔套间的水沸腾产生水蒸气。待水蒸气急剧地将锅内的冷空气从排气阀中排尽后，关闭排气阀，继续加热，此时由于水蒸气不能逸出，而增加了灭菌器的压力，从而使沸点增高，得到高于 100℃的温度，致使菌体蛋白质凝固变性达到灭菌的目的。

在同一温度下，湿热灭菌的效力比干热灭菌强。其原因有三：一是在湿热条件下细菌菌体吸收水分，蛋白质较易凝固，所需凝固温度降低，二是湿热的穿透力比干热大，主要原因为湿热蒸汽有潜热存在（在 100℃时，由气态变为液态时可放出 2.26kJ 的热量）。这种潜热，能迅速提高被灭菌物体的湿度，从而增加灭菌效力。

在使用高压蒸汽灭菌锅时，灭菌锅内冷空气的排除是否完全极为重要，因为空气的膨胀压大于水蒸气的膨胀压，所以，当水蒸气中含有空气时，在同一压力下，含空气蒸汽的温度低于饱和蒸汽的温度。

一般培养基灭菌在 0.11MPa，121℃，20～30 分钟条件下可达到彻底灭菌的目的。这种灭菌适用于培养基、工作服、橡胶制品等的灭菌，也可用于玻璃器皿的灭菌。

b. 常压蒸汽灭菌法：在不具备高压蒸汽灭菌的条件下，常压蒸汽灭菌是一种常用的灭菌方法。对于不易用高压灭菌的培养基（如明胶培养基、牛乳培养基、含糖培养基等）可采用常压蒸汽灭菌。这种灭菌方法可用阿诺氏流动蒸汽灭菌器进行灭菌，也可用普通蒸汽笼进行灭菌。由于常压，其温度不超过 100℃，仅能使大多数微生物被杀死，而芽孢却不能在短时间内被杀死，因此可采用间歇灭菌以杀死芽孢，达到彻底灭菌的目的。

常压间歇灭菌是将灭菌培养基放入灭菌器内，加热至 100℃，持续 30 分钟，连续 3天，第一天加热后，其中的营养体被杀死，将培养物取出，在室温下放置 18～24 小时，使其中的芽孢发育成营养体，第二天再加热 100℃，30 分钟，发育的营养体又被杀死，但可能仍留有芽孢，故再重复一次，彻底灭菌。

c. 煮沸消毒法：注射器、剪刀、镊子等可用煮沸消毒法。一般在微生物学实验室中煮沸消毒 10～15 分钟，即可以杀死细菌中的所有营养体和部分芽孢。如延长煮沸时间，并加入 1％碳酸氢钠或 2％～5％的石炭酸，效果更好。人用注射器和手术器械的灭菌均采用高压蒸汽灭菌或干热灭菌法，或直接使用一次性无菌用品。

d. 超高温杀菌：超高温杀菌是指在温度和时间标准分别为 130～150℃和 28 秒的

条件下对牛乳或其他液态食品（如饮料、豆乳、茶、酒及矿泉水等）进行处理的一种工艺，其最大优点是既能杀死产品中的微生物，又能较好地保持食品品质与营养价值。超高温杀菌工艺的应用，使乳制品及各种饮料无须冷藏而保鲜，从而打破了地域和季节的限制。

（2）过滤除菌：若使用加热灭菌法消毒，血清、抗生素及糖溶液等物质的活性及结构易被热破坏，因此可以改用过滤除菌法消毒。应用最广泛的过滤器主要有以下几类。

蔡氏（Seitz）过滤器：该过滤器由石棉制成的圆形滤板和一个特制的金属（银或铝）漏斗组成，分上、下两节，过滤时，用螺旋把石棉板紧紧夹在上、下两节滤器之间，然后将溶液置于滤器中抽滤。每次过滤必须用一张新滤板。根据其孔径大小，滤板分为三种型号：K 型滤孔最大，作一般澄清用；EK 型滤孔较小，用来除去一般细菌；EK‑S 型滤孔最小，可阻止大病毒通过。使用时可根据需要选用。

微孔滤膜过滤器：是一种新型过滤器，其滤膜是用醋酸纤维素和硝酸纤维素的混合物制成的薄膜。孔径分为 $0.025\mu m$，$0.05\mu m$，$0.10\mu m$，$0.20\mu m$，$0.30\mu m$，$0.45\mu m$，$0.60\mu m$，$0.80\mu m$，$1.00\mu m$，$2.00\mu m$，$3.00\mu m$，$5.00\mu m$，$7.00\mu m$，$8.00\mu m$ 和 $10.00\mu m$。过滤时，液体和小分子物质通过滤膜，细菌则被截留在滤膜上。实验室中用于除菌的滤膜孔径一般为 $0.22\mu m$，但若要将病毒除去，则需要使用更小孔径的微孔滤膜。微孔滤膜不仅可以用于除菌，还可以用来测定液体或气体中的微生物，如可用于水的微生物检验。过滤除菌法应用十分广泛，除用于实验室某些溶液、试剂的除菌外，在微生物研究中所用的能够产生无菌空气并开展微生物学实验的净化工作台，都是根据过滤除菌的原理设计的。

（3）紫外线灭菌：紫外线波长在 $200\sim300nm$，具有杀菌作用，其中以 $265\sim266nm$ 波长的紫外线杀菌力最强。此波长的紫外线易被细胞中的核酸吸收，造成细胞损伤而被杀灭，紫外线灭菌在微生物实验及生产实践中应用较广，无菌室或无菌接种箱可用紫外线灯照射灭菌。此外，γ 射线灭菌方法已广泛用于纸、塑料薄膜、各种积层材料制作的容器以及医用生物敷料皮等不能进行加热灭菌的物品生产中。γ 射线灭菌的最大优点是：穿透力强，可在包装完好的情况下灭菌。

2. 化学灭菌

化学灭菌是应用能抑制或杀死微生物的化学制剂进行消毒灭菌的方法。其中，可阻断细菌代谢功能并具有致死作用的化学抑制剂称杀菌剂，如重金属离子等；仅抑制细菌代谢或合成功能，使细菌不能增殖的化学物质称抑菌剂，如磺胺类药物及大多数抗生素等。化学药品对微生物的作用是抑制还是杀灭以及其作用效果还与化学药品浓度的高低、处理微生物的时间长短、微生物的种类以及微生物所处的环境等有关。

微生物实验室中常用的化学灭菌药品有 2% 煤酚皂溶液（来苏尔），0.25% 新洁尔灭，0.1% 升汞，3%～5% 的甲醛溶液，75% 乙醇溶液等。

在进行灭菌操作时应根据不同的使用要求和条件选用合适的消毒灭菌方法。

（二）无菌操作技术

在微生物的分离和培养过程中，必须使用无菌操作技术。所谓无菌操作技术，就是在分离、接种、移植等各个操作环节中，保证杜绝外界环境中的杂菌进入培养的容器或系统内，避免污染培养物。无菌操作技术广泛应用于组织培养及基因工程等领域。为保证获得纯净的培养物，使用无菌操作技术时需要考虑到实验物品、实验环境、实验操作者、具体实验环节等多种因素。

(1)培养基灭菌：一般采用高压灭菌，将培养基放在高压锅中，排净冷空气后，在121℃下灭菌20～30分钟，以保证培养基处于无菌状态。

(2)创造无菌接种环境：无菌操作必须在无菌条件下进行。常见的无菌场所有净化工作台、接种箱和接种室。在进行操作前需将灭菌后的培养基以及接种用的酒精灯、工具等，放到接种场所，然后采用物理或化学方法进行环境处理。

1)净化工作台：操作前用75%的酒精棉球擦拭台面，然后打开紫外线灯照射消毒，并打开风机处理20～30分钟，将台面上含有杂菌的空气排除，保持台面处于无菌状态。

2)接种箱：操作前按照每立方米空间用10～14mL甲醛和5～10g高锰酸钾的标准进行混合熏蒸，熏蒸时间不少于30分钟。或用市售气雾消毒剂进行熏蒸。接种箱中如有紫外灯时，应同时打开。

3)接种室：灭菌方法同接种箱。

(3)手部消毒：先用肥皂水洗手，再用75%的酒精棉球擦拭手表面。

(4)工具灭菌：点燃酒精灯，将接种工具在酒精灯外焰上充分灼烧，杀死工具表面附着的杂菌。工具一经灭菌后不得再接触台面。

(5)无菌操作(以试管为例)：左手拿一支母种和一支空白 PDA 培养基，右手拿灭菌后的接种钩，将两个棉塞同时拔掉，夹在右手的无名指和小拇指之间，不可将棉塞放到台面上。拔掉棉塞后，试管口要置于酒精灯火焰上方3～5cm处，利用火焰封口，然后用接种钩切取少量母种，迅速通过酒精灯火焰，放到空白培养基斜面中央，轻压以防止滑动，操作完成后塞好棉塞。

(6)培养：将接种后的菌种放到适宜的环境条件下培养。培养环境要注意消毒，防止培养过程中杂菌侵染菌种。

(7)检查：培养过程中要经常检查菌丝生长情况，发现有杂菌污染的菌种要及时挑出。在进行微生物分离纯化以及其他无菌操作时，应主动培养自己的无菌意识，加强训练，提高操作熟练程度，降低污染率。

(三)菌种保藏技术

微生物菌种是宝贵的生物资源，对微生物学研究和微生物资源开发与利用具有非常重要的价值，因此菌种保藏是一项重要的微生物学基础工作，其基本任务是对已经获得的纯种微生物菌种进行收集、整理、鉴定、评价、保存和供应等工作。随着科技的进步和经济的发展，对微生物菌种资源的利用正在不断扩大，菌种保藏工作便显得更加重要。

菌种是一个国家的重要生物资源，也是许多微生物工厂首要的生产资料。所以世界各国对微生物菌种的保藏都很重视，许多国家都成立了专门的菌种保藏机构。如美国典型培养物保藏中心(ATCC)和美国农业部菌种保藏中心(ARS),我国主要有中国典型培养物保藏中心(CTCCCAS)和中国农业微生物菌种保藏管理中心(ACCC)等。

1. 菌种保藏的目的

(1)在较长时间内保持菌种的生存能力。

(2)保持菌种在遗传、形态和生理上的稳定性,使菌种保持既有科学研究的价值,又有工业价值的特征。

(3)保持菌种的纯度,使其免受其他微生物(包括病毒)的侵染。

2. 菌种保藏的原理

菌种保藏的原理是采用低温、干燥、饥饿、缺氧等手段降低微生物的新陈代谢速度,抑制其生命活动,使其处于休眠状态。

3. 菌种保藏的方法

采用低温、干燥、饥饿、缺氧等手段可以降低微生物的生物代谢能力,所以,菌种保藏的方法虽多,但都是根据这 4 个因素制定的。可根据实验室具体条件和微生物的特性灵活选用下列方法。

(1)斜面低温保藏法。将菌种接种在适宜的固体斜面培养基上,待微生物菌种充分生长后,用报纸或牛皮纸包扎好,贴好标签,移至 1~5℃的冰箱中保藏。保藏时间依微生物的种类而有不同。丝状真菌、放线菌以及有芽孢的细菌间隔 4~6 个月转接 1 次,酵母菌 2 个月转接 1 次,细菌最好每月转接 1 次。该法是实验室和工厂菌种室常用的保藏法。优点是操作简单,使用方便,不需特殊设备。缺点是长期保藏时需要多次转接,容易使菌种退化变异。同时,多次转接污染杂菌的机会也会增加。

培养基选择:保藏细菌时多用牛肉膏蛋白胨培养基,保藏放线菌时多用高氏 1 号培养基,保藏丝状真菌时多用 PDA 培养基或完全培养基。一般来说,菌种保藏适于用营养较为匮乏的培养基,因为这样可以降低生物的代谢速度,从而延长每次转接的间隔时间。

斜面长度:用于保藏菌种的培养基斜面要求适当短些,这样培养基厚一点,培养基中水分蒸发较少,可以使菌种保藏更长时间。一般斜面长度占试管总长的 1/3。

培养物要有重复:这是防止菌种丧失的最有效的方法。一般每个菌株至少保藏 3 管。

环境湿度:要防止冰箱中空气湿度过高而导致棉塞发霉。

特殊菌种:对于某些对低温特别敏感的菌种,只能在较高的温度下保藏。如草菇菌种最好在 10~15℃下保藏。

(2)液体石蜡保藏法。本法是在培养好的斜面菌种或穿刺培养的菌种表面覆盖灭菌后的液体石蜡,以减少培养基中水分的蒸发并阻止氧气进入,从而达到长期保藏目的的方法。

将液体石蜡分装于三角瓶中,在 0.11~0.14MPa(温度 121~126℃)下灭菌 30 分钟,然后放于 40℃温箱中,使水汽蒸发(由浑浊变澄清),备用。将需要保藏的菌种,接种于适宜的培养基中培养,得到健壮的菌体或子孢子。在无菌条件下,用灭菌吸管吸取灭菌后的液体石蜡，注入已生长菌种的斜面上，其用量以高出斜面顶端 1cm 为准，使菌种与空气隔绝。将试管直立，置低温或室温下保藏。此法实用而且效果好，可保藏丝状真菌、放线菌和芽孢杆菌 2 年以上，酵母菌也可以保藏 1～2 年，对于无芽孢的细菌也可保藏 1 年以上。此法的优点是制作简单，无须特殊设备，而且不需要经常转接。缺点是必须直立放置，所占空间较大，同时携带也不方便。转接后由于菌体表面带有石蜡，所以第 1 次转接后往往生长较差，需进行第 2 次转接。

使用本法保藏需要注意以下事项：为防止棉塞发霉，可用消毒过的橡皮塞替换棉塞；要在斜面露出液面时及时补充无菌石蜡；移接后灼烧接种钩(环)时培养物容易与残存石蜡一起飞溅，要特别注意安全。

(3)滤纸保藏法。将微生物的孢子吸附在滤纸上，干燥后进行保藏的方法，称为滤纸保藏法。将滤纸剪成 0.5cm×1.2cm 的小纸条，装入 0.6cm×8cm 小试管中，加上棉塞，在 0.11～0.14MPa(温度 121～126℃)下灭菌 30 分钟，备用。

收集子孢子，使子孢子吸附在灭菌后的滤纸条上，重新放入试管中，塞好棉塞后放在干燥器中干燥 15 分钟左右，除去滤纸条上多余的水分(保存滤纸条的合适含水量为 2%)，试管上部用火熔封，贴好标签，放在冰箱中保藏。

丝状真菌、酵母、放线菌、细菌均可采用此法保藏，保藏时间为 2 年以上。此法较液氮超低温保藏法、真空冷冻干燥保藏法简便易行，无须特殊设备。

(4)砂土管保藏法。取干净河砂加入 10%稀盐酸，加热煮沸 30 分钟，以去除其中的有机物。倒去盐酸后自来水冲洗至中性，烘干，用 40 目筛除去粗颗粒后，装入 1cm×10cm 的小试管中，每管装 1g，加棉塞后灭菌、烘干。制备孢子悬浮液，每管中加入 0.5mL(一般以刚刚使砂土湿润为度)孢子液，用接种针搅拌均匀。然后移至真空干燥器中，用真空泵抽干水分，抽干时间越短越好。随机抽取一管进行培养检查，如果微生物生长良好而且没有杂菌生长，则可熔封管口，放入冰箱或室内干燥处保存。此法适用于能够产生孢子的微生物，如真菌或放线菌，对于不产生孢子的微生物效果不佳。一般微生物可保藏 2 年以上而不会失去活力。

(5)液氮超低温保藏法。液氮保藏法是目前保存微生物菌种最可靠的方法，多数国家级菌种保藏单位都采用此法进行菌种保藏。

准备安培管：用于液氮保藏的安培管，要求能耐受温度突然变化而不致破裂，因此，可以采用硼硅酸盐玻璃制造的安培管。安培管的大小通常为 75mm×10mm。

加保护剂与灭菌：保存细菌、酵母菌或真菌孢子等容易分散的细胞时，则将空安培管塞上棉塞，在压力 0.11MPa、温度 121℃条件下灭菌 15 分钟；若保存霉菌菌丝体则需在安培管内预先加入保护剂，如 10%的甘油蒸馏水或 10%二甲基亚砜，加入量以能浸没以后加入的菌种块为限，然后再进行高压灭菌。

接入菌种：将菌种用 10%的甘油蒸馏水溶液制成菌悬液，装入已灭菌的安培管；霉菌菌丝体则可用灭菌打孔器，从平板内切取菌落团块，放入含有保护剂的安培管内，然后用火焰熔封。可浸入水中检查有无漏洞。

冻结：将已封口的安培管以温度每分钟下降 1℃的慢速冻结至-30℃。若细胞急剧冷冻，则在细胞内会形成冰的结晶，因而降低存活率。

保藏：将经冻结至 $-30℃$ 的安培管立即放入液氮冷冻保藏器的小圆筒内，然后再将小圆筒放入液氮保藏器内。液氮保藏器内的气相为 $-150℃$，液态氮为 $-196℃$。

恢复培养：保藏的菌种需要使用时，应将安培管取出，立即放入 $38\sim40℃$ 的水浴中进行急剧解冻，直到全部融化为止。再打开安培管，将内容物移到适宜的培养基上培养。

此法除了适宜于一般微生物的保藏外，还可用于保藏采用冷冻干燥法都难以保藏的微生物，如支原体、衣原体、氢细菌、难以形成孢子的霉菌、噬菌体及动物细胞等，并可长期保藏，且不易发生变异。该法的缺点是需要特殊设备。

(6)真空冷冻干燥保藏法。

准备安培管：用于真空冷冻菌种保藏的安培管宜采用中性玻璃制造，形状可用长颈球形底样的，亦称泪滴形安培管，尺寸要求外径 $6\sim7.5$mm，长 105mm，球部直径 $9\sim11$mm，壁厚 $0.6\sim1.2$mm，也可用没有球部的管状安培管。应塞好棉塞，在压力 0.11MPa，温度 $121℃$ 条件下灭菌 30 分钟后备用。

准备菌种：用真空冷冻干燥法保藏的菌种，保藏期可长达几年甚至几十年，为了不出现差错，所用菌种纯度要高，而且菌龄要适宜。细菌和酵母菌的菌龄要求超过对数生长期，若用对数生长期的菌种进行保藏，其存活期反而降低。一般细菌的菌龄要求为 $24\sim48$ 小时，酵母菌为 3 天，形成孢子的微生物则宜保藏孢子，放线菌和丝状真菌菌龄为 $7\sim10$ 天。

制备菌悬液与分装：以细菌斜面为例，将 2mL 左右的脱脂牛乳加入试管中，制成浓菌液，每支安培管分装 0.2mL。

冷冻：冷冻干燥器有成套的装置出售，但价格昂贵。可将分装好的安培管放入低温冰箱中冻结，无低温冰箱的可用冷冻剂，如干冰（固体 CO_2）、乙醇溶剂或干冰丙酮液，温度可达 $-70℃$。将安培管插入冷冻剂，只需冷冻几分钟，即可使悬液结冰。

真空干燥：为在真空干燥时使样品保持冻结状态，需准备冷冻槽，槽内放碎冰块与食盐，混合均匀，使其降温至 $-15℃$。

抽气：抽气时，若在 30 分钟内能达到 93.3Pa(0.7mmHg)真空度时，则干燥物不致熔化，以后继续抽气，几小时内，肉眼可观察到被干燥物已趋干燥。一般抽至真空度为 26.7Pa，保持压力 $6\sim7$ 小时即可。

封口：抽真空干燥后，取出安培管，接在封口用的玻璃管上，可用"L"形五通管继续抽气，约 10 分钟压强即可达到 26.7Pa。于真空状态下，以煤气喷灯的细火焰在安培管颈中央进行封口。封口以后，将其保存于冰箱或室温暗处。

此法为菌种保藏法中最有效的方法之一，适用于生存力强的微生物及其孢子，也可用于保藏一些很难保存的致病菌，如脑膜炎球菌与淋病球菌等。此法适用于菌种的长期保存，一般可持续保存数年至几十年。缺点是对设备的要求较高且操作比较复杂。

(四)玻璃器皿的清洗

使用洁净的玻璃器皿是得到正确实验结果的先决条件。进行微生物学实验前，必须清除器皿上的灰尘、油垢和无机盐等物质，以保证不影响实验的结果。玻璃器皿的清洗应根据实验目的、器皿的种类、盛放的物品、洗涤剂的类别和洁净程度等不同而有所不同。

1. 不同玻璃器皿的洗涤方法

(1)新玻璃器皿的洗涤：新购置的玻璃器皿含游离碱较多，应先在 2% 的盐酸溶液或洗涤液内浸泡数小时，然后再用清水冲洗干净。

(2)使用过的玻璃器皿的洗涤：试管、培养皿、三角瓶、烧杯等可用试管刷或海绵蘸肥皂、洗衣粉或去污粉等洗涤剂刷洗，以除去附着在器皿壁上的灰尘或污垢，然后再用自来水充分冲洗干净。热的肥皂水去污能力更强，能有效地洗去器皿上的油垢。用去污粉或洗衣粉刷洗器皿后较难冲洗干净附在器壁上的微小粒子，故要用水多次冲洗或用稀盐酸溶液摇洗一次，再用水冲洗，然后倒置于铁丝框内或洗涤架上，在室内晾干。

(3)含有琼脂培养基的玻璃器皿的洗涤：需先刮去培养基，然后洗涤。如果琼脂培养基已经干燥，可将器皿放在水中蒸煮，使琼脂溶化后趁热倒出，然后用清水洗涤，并用刷子刷其内壁，以除去壁上的灰尘或污垢。带菌的器皿洗涤前应先在 2% 来苏尔或 0.25% 新洁尔灭消毒液内浸泡 24 小时，或煮沸 0.5 小时，再用清水洗涤。带菌的培养物应先行高压蒸汽灭菌，然后将培养物倒去，再进行洗涤。盛有液体或固体培养物的器皿，应先将培养物倒入废液缸中，然后洗涤。不要将培养物直接倒入洗涤槽中，否则会阻塞下水道。洗涤后若水能在内壁均匀分布成一薄层而不出现水珠，表示油垢完全洗净，若器皿壁上挂有水珠，应用洗涤液浸泡数小时，然后再用自来水冲洗干净。盛放一般培养基用的器皿经上法洗涤后即可使用。如果器皿要盛放精确配制的化学试剂或药品，则在用自来水洗涤后，还需用蒸馏水淋洗 3 次，晾干或烘干后备用。

(4)玻璃吸管的洗涤：吸取过血液、血清、糖溶液或染料溶液等的玻璃吸管(包括毛细吸管)，使用后应立即投入盛有自来水的量筒或标本瓶内，以免干燥后难以冲洗干净。量筒或标本瓶底部应垫脱脂棉，否则吸管投入时容易破损。待实验完毕，再集中冲洗。若吸管顶部塞有棉花，则冲洗前先将吸管尖端与装在水龙头上的橡皮管连接，用水将棉花冲出，然后再装入吸管自动洗涤器内冲洗，没有吸管自动洗涤器时用蒸馏水淋洗。洗干净后，放入搪瓷盘中晾干，若要加速干燥，可放入烘箱内烘干。吸取过含有微生物的吸管亦应立即投入盛有 2% 来苏尔溶液或 0.25% 新洁尔灭消毒液的量筒或标本瓶内，24 小时后方可取出冲洗。吸管内壁若有油垢，同样应先在洗涤液内浸泡数小时，然后再冲洗。

(5)载玻片与盖玻片的清洗：新的载玻片和盖玻片应先在 2% 的盐酸溶液中浸泡 1 小时，然后用自来水冲洗 2～3 次，用蒸馏水换洗 2～3 次，洗后烘干冷却或浸于 95% 酒精中保存备用。用过的载玻片与盖玻片如滴有香柏油，要先用皱纹纸擦去或浸入二甲苯溶液中摇晃几次，使油垢溶解，再在肥皂水中煮沸 5～10 分钟，取出后使用软布或脱脂棉擦拭冲洗，后在稀洗涤液中浸泡 0.5～2 小时，随后用蒸馏水换洗数次，待干后浸于 95% 酒精中保存备用。使用时在火焰上反复灼烧去除多余酒精。用此法洗涤和保存的载玻片和盖玻片清洁透亮，没有水珠。用于检查活菌的载玻片或盖玻片应在2%来苏尔溶液或0.25%的新洁尔灭溶液中浸泡24小时，然后按上述方法洗涤与保存。

2. 洗涤剂的种类及应用

(1)水。水是最主要的洗涤剂，但只能洗去可溶解在水中的污染物，不溶于水的污物，如油、蜡等，必须用其他方法处理以后，再用水洗。洁净度要求比较高的器皿，清水洗过之后可再用蒸馏水清洗。

(2)肥皂。肥皂是很好的去污剂，因肥皂的碱性并不十分强，不会损伤器皿和皮肤，所以洗涤时常用肥皂。使用方法一般是用湿试管刷蘸肥皂以刷洗容器，再用水洗去肥皂。热的肥皂水(浓度为5%)去污能力更强，洗涤器皿上的油脂很有效。若器皿上的油脂较多，应先用纸将油层擦去，然后用肥皂水清洗。

(3)去污粉。去污粉内含有碳酸钠、碳酸镁等，有除油污的作用，有时也可在去污粉中加食盐、硼砂等，以增加其清洗时的摩擦作用。可将器皿润湿，将去污粉涂在污点上，用布或刷子擦拭，再用水洗去。一般玻璃器皿、搪瓷器皿等可以使用去污粉清洗。

(4)洗衣粉。洗衣粉的主要成分是烷基苯磺酸钠，为阴离子表面活性剂，在水中能解离成带有疏水基的阴离子。其去污能力主要是由于在水溶液中洗衣粉能降低水的表面张力，并产生润湿、乳化、分散和起泡等作用。洗衣粉去污能力强，能有效去除油污。用洗衣粉擦拭过的玻璃器皿要用自来水漂洗干净，以除净残存的微粒。

(5)洗涤液。实验室常用的洗涤液是重铬酸钾(或重铬酸钠)的硫酸溶液，为一种强氧化剂，去污能力很强，常用于洗去玻璃和瓷质器皿上的有机物质。本品切不可用于金属器皿的洗涤。

本品配制方法是将重铬酸钾溶解在蒸馏水中(可加热)，待冷却后，再慢慢地加入硫酸，边加边搅动。配好后存放备用。此溶液可重复使用多次，每次用后倒回原瓶中储存，直至溶液变成青褐色时才失去作用。洗涤原理为：重铬酸钾或重铬酸钠与硫酸作用后形成铬酸，铬酸的氧化能力极强，因而此液具有极强的去污作用。洗涤时应注意：盛洗涤液的容器应始终加盖，以防其氧化变质；玻璃器皿投入洗涤剂之前要尽量干燥，避免稀释洗涤液；如要加快洗涤速度，可将洗涤液加热至45~50℃进行洗涤；器皿上有大量的有机质时，不可直接加洗涤液，应尽可能先行清除，再用洗涤液，否则会使洗涤液很快失效；用洗涤液洗过的器皿，应立即用水冲至无色；洗涤液有强腐蚀性，如不慎溅在桌椅上，应立即用水洗或用湿布擦去；若皮肤及衣服上沾有洗涤液，应立即用水洗，然后用苏打水或氨水洗净。洗涤液仅限于玻璃和瓷质器皿的清洗，不适用于金属和塑料器皿的清洗。

3. 玻璃器皿使用后处理的注意事项

(1)不能使用对玻璃器皿有腐蚀作用的化学药剂，以及比玻璃硬度大的物品来擦拭玻璃器皿。

(2)用过的器皿应立即洗涤，放置时间过久会增加洗涤的困难，随用随洗可提高器皿的使用率。

（3）微生物的试管、培养皿及其他容器盛放过对人有传染性或属于植物检疫范围内的物品时，应先浸在消毒液内或蒸煮灭菌后再进行洗涤。

（4）盛放过有毒物品的器皿，应与其他器皿分开存放。

（5）较难洗涤的器皿不要和易洗涤的器皿混在一起，以免增加洗涤的难度。有油污的器皿不要与无油污的器皿混在一起，否则会使本来无油的器皿沾上油污，浪费洗涤剂并延长洗涤时间。

（6）强酸、强碱及其他氧化物和有挥发性的有毒废液，不能倒在洗涤槽内，需倒入废液缸内。

第五节　生物实验室突发应急处置方式

一、刺伤、切割伤或擦伤

受伤人员应当脱下工作服，清洗双手和受伤部位，使用适当的清洗剂，必要时就医进行处理。应将受伤原因和受伤经过、致伤微生物等记录存档。

二、潜在感染性物质的食入

应脱下受害人的工作服并立即送医院处理。应将受伤原因、经过及感染性物质等情况记录存档。

三、潜在危害性气溶胶的释放（在生物安全柜以外）

所有人员必须立即撤离相关区域，区域内所有人员都应该接受医学观察。并且，应当立即报告实验室负责人和学校主管部门，在一定时间内禁止人员进入。同时，在实验室门口张贴"禁止进入"的标志，待危险解除，穿戴适当的防护服和呼吸保护装备，在生物安全专业人员的指导下清除污染。

四、容器破碎及感染性物质的溢出

在实验过程中，当容器发生破碎并有感染性物质溢出时，应当立即用布或纸巾覆盖受感染性物质污染的破碎物品，并于其上喷洒消毒剂，等待其作用一段时间。之后再对布（纸巾）及破碎物品进行处理，玻璃碎片应该使用镊子清理，然后再用消毒剂擦拭污染区域。如果用簸箕清理破碎物，使用完毕后应当对其进行高压灭菌处理或放入消毒剂内浸泡；用于清理的布、纸巾和抹布等使用完后应放在盛放污染性废弃物的容器内。如实验记录等纸质物品被上述材料污染，应将信息拍照或复制后放回盛放污染性废弃物的容器内。

五、无封闭装置离心机内盛有潜在感染性物质的离心管破裂

如果离心机正在运行时发生破裂或怀疑发生破裂，应关闭机器电源，让机器密闭

一段时间使气溶胶沉积。如果机器停止后发生破裂，应立即将盖子盖上，并密闭一段时间。

上述两种情况发生时应及时上报。随后对现场进行清理，所有操作都应戴上结实的手套（如厚橡胶手套），必要时可在外层再套一副一次性手套。清理玻璃碎片时应当使用镊子，或用镊子夹着棉花进行操作。所有破碎的离心管、玻璃碎片、离心桶、十字轴和转子都应放在无腐蚀性的、已知对相关微生物具有灭活作用的消毒剂内。未破损的带盖离心管应放在另一个有消毒剂的容器中，然后回收。离心机内腔应使用适当浓度的同种消毒剂多次擦拭，然后用水冲洗并干燥。清理后所使用的全部材料都应按感染性废弃物处理。

六、在可封闭的离心桶（安全杯）内离心管发生破裂

所有密封离心桶都应在生物安全柜内装卸。如果怀疑在安全杯内发生破损，应该松开安全杯盖子并将离心桶高压灭菌，或对安全杯进行化学消毒。

七、火灾和自然灾害

发生火灾或自然灾害时，应就实验室的潜在危险向有关部门紧急救助人员发出求助信息。只有在受过训练的实验室工作人员的陪同下，才能进入这些地区救灾。感染性物质应收集在防漏的盒子内或结实的一次性袋子中，由生物安全专业人员依据规定决定继续利用或是丢弃。

第五章　电气安全防护

实验室离不开用电，必须重视用电的安全。掌握电气事故的特点和分类，对做好实验室电气安全工作具有重要的意义。本章将简要介绍实验室电气安全相关知识及防护措施。

第一节　电气安全基础知识概述

电气事故按产生的源头分类，可分为自然事故和人为事故。自然事故，如雷击、静电等；人为事故主要是由各种电气系统和设备产生的，如电击、电弧、电气火灾等。根据电能的不同作用形式，可将电气事故分为触电事故、静电事故、雷电事故、电磁辐射事故、电气火灾和爆炸事故等。所谓安全用电，系指电气工作人员、生产人员以及其他用电人员，在既定环境条件下，采取必要的措施和手段，在保证人身及设备安全的前提下正确使用电力。在实验室内，电是必不可少的，要想保证实验室内的用电安全，必须了解以下内容。

一、电气安全的常识

(一)电压常识

安全电压：安全电压是为了防止触电事故而采用的由特定电源供电的电压。根据环境、人员和使用方式不同，我国规定的安全电压是 42V、36V、24V、12V 和 6V 5 种。常用安全电压是 36V、12V。

高压：凡对地电压在 250V 及以上的为高压。在交流系统中，1kV、3kV、6kV、10kV、30kV 等都属于高压，在直流系统中 500V 即为高压。

低压：凡对地电压在 250V 以下的为低压。交流系统中的 220V、110V 和三相四线制的 380/220V 及 220/110V 中性点接地系统均为低压。

(二)额定功率与峰值功率

额定功率是指电源在稳定、持续工作状态下所能承受的最大负载。如电源的额定功率是 300W，其含义是电源每天 24 小时、每年 365 天持续工作时所有负载之和不能超过 300W。额定功率代表了一台电源真正的负载能力。

峰值功率指瞬间或者几分钟内电源能承受的负载，不代表真正的负载能力。现在很多厂商不标明额定功率，只标明峰值功率(有的也说"最大功率")，实际上是在误导用户。

(三)插座的正确使用

在电源插座上均标明有额定电压与额定电流，两者乘积即为额定功率。如果在使用多联电源插座时，同时使用多种电器就应仔细计算所用电器的总功率是否超过了多联插座允许的额定功率，如果计算所得的总功率比插座的额定功率低，就较为安全，相反，就不安全。电流通过金属导体时，金属导体会升温，通过导体的电流越大，热效应越高，发热量也越大。当多种电器的电流通过多联插座时，电流越大，其热效应越高。超过额定值后就会烧毁电线和插座，严重时会引起火灾。所以，使用电源插座时切记不要"小马拉大车"。

(四)绝缘与接地

绝缘：利用不导电的物质将带电体隔离或包裹起来，防止触电的措施，称为绝缘。绝缘通常分为：气体绝缘、液体绝缘和固体绝缘。

接地：就是把在正常情况下不带电、在故障情况下可能呈现危险的对地电压的金属部分同大地紧密地连接起来，把设备上的故障电压限制在安全范围内的安全措施(图5-1)。

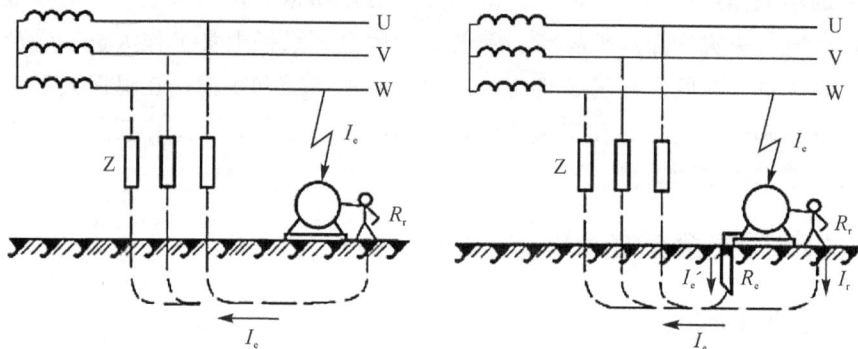

图 5-1　无保护接地及有保护接地模式图

(五)漏电保护器和空气开关

漏电保护器：用于防止因接触而引起的单相触电事故和因电气设备漏电而造成的电气火灾爆炸事故，有的漏电保护器还具有过载保护、过电压和欠电压保护、缺相保护等功能。

空气开关：也叫断路器，在电路中起接通、分断和承载额定工作电流等作用，并能在线路发生过载、短路、欠压的情况下可靠保护。空气开关的动、静触头及触杆为平行状，可利用短路产生的电动斥力使动、静触头断开，分断能力强，限流特性可靠。

(六)合理布线

在实验室建设中，应注意强弱电线系统的合理布线，火线、零线、保护接地(零)线应选用不同颜色的暗线，且应安装 PVC 阻燃管。保护接零线要牢固地接在保护线上，严禁将单相三孔插座的接地线与零线直接连起来，以防使用中零线出现开路时造成电器外壳带电伤人。电气线路铺设及电器安装必须符合安全规定，不得乱拖、乱接电线，不得使用不合格的保险装置，不得超负荷用电。

二、电流对人体的作用及影响

由于人体是导体，所以当人体接触带电部位而构成电流的回路时，就会有电流流过人体。电流可对人体造成不同程度的损害，归结起来为两种：一种是电伤；一种是电击。电伤是指电流对人体外部造成的局部伤害，它是由于电流的热效应、化学效应、机械效应及电流本身的作用，使熔化和蒸发的金属微粒侵入人体，致使皮肤局部受到灼伤、烙伤和皮肤金属化的损伤，严重的可致命。电击是指电流通过人体，使内部组织受到损伤，这种伤害会造成人全身发热、发麻、肌肉抽搐、神经麻痹，会引起室颤、昏迷，以致呼吸窒息、心脏停止跳动而死亡。

为预防触电事故的发生，下面分析几种常见的触电形式和人体对电流的反应，从而明确电流对人体的严重危害(图 5-2)。

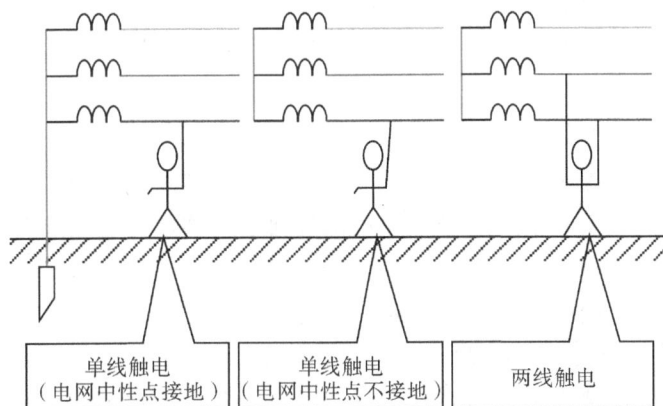

图 5-2 三种主要的触电种类

1. 触电形式

(1)单相触电。人体的一部分在接触一根带电相线(火线)的同时，另一部分又与大地(或零线)接触，电流从相线流经人体到地(或零线)形成回路，称为单相触电。在触电事故中，发生单相触电的情况很多，如检修带电线路和设备时，未做好防护或接触漏电的设备外壳及绝缘损伤的导线都会造成单相触电。

(2)两相触电。两相触电是指人体的不同部位同时接触两根带电相线时的触电。这时不管电网中心是否接地，人体都在电压作用下触电，因电压高，危险性很大。

(3)跨步电压触电。电器设备发生对地短路或电力线断落接地时都会在导线周围地面形成一个强电场，其电位分布是从接地点向外扩散，逐步降低，当有人跨入这个区域时，分开的两脚间有电位差，电流从一只脚流进，从另一只脚流出而造成触电，叫作跨步电压触电。

(4)悬浮电路上的触电。工频交流电(AC)通过有初、次级线圈互相绝缘的变压器后，从次级输出的电压零线不接地，相对于大地处于悬浮状态，若人站在地面上接触其中一根带电线，一般没有触电感觉。但在大量的电子设备中，如收音机、扩音机等，它是以金属底板或印刷电路板作为公共接"地"端，如果操作者身体的一部分接触底板(接"地"点)，另一部分接触高电位端，就会造成触电。所以在这种情况下，一般都要求单手操作。

2. 人体对电流的反应

人体对电流的反应是非常敏感的。触电时电流对人体的伤害程度与下列因素有关。

(1)人体电阻。人体电阻不是常数，在不同情况下，电阻值差异很大，通常在 $10\sim100\Omega$ 之间。人体电阻越小，触电时通过的电流越大，受伤越严重。人体各部分的电阻也是不同的，其中皮肤角质层的电阻最大，而脂肪、骨骼、神经的电阻较小，肌肉的电阻最小。如果一个人的角质损坏，他的人体电阻可降至 $0.8\sim1\Omega$。在这种情况下接触带电体，最容易带来生命危险。人体电阻是变化的，皮肤越薄、越潮湿，电阻越小；皮肤接触带电体面积越大，靠得越紧，电阻越小。若通过人体的电流越大，电压越高，使用时间越长，电阻也越小。人体电阻还受身体健康状况和精神状态的影响，如体质虚弱、情绪激动、醉酒等，容易出汗，使人体电阻急剧下降，所以在这几种情况下也不宜从事电气操作。

(2)电流强度。大量的实践告诉我们，人体通过 1mA 工频交流电或 5mA 直流电时，就会有麻、痛的感觉。接触 10mA 左右的电流尚能自行摆脱电源，但接触超过 50mA 的电流就很危险了。若有 100mA 的电流通过人体，则会造成人体呼吸窒息，心脏停止跳动，直至死亡。

(3)电压强度。人体接触的电压越高，通过人体的电流越大，对人体的伤害越严重。对触电事故进行统计，有 70% 以上的人是在 220V 或 380V 交流电压下触电死亡的。以触电者人体电阻为 1kΩ 计，在 220V 电压下通过人体的电流有 220mA，能迅速致人死亡。人们通过大量实践发现，36V 以下电压，对人体没有严重威胁，所以把 36V 以下的电压定为安全电压。

(4)电流频率。实验证明，直流电对人体血液有分解作用；高频电流不仅不危险，还可应用于医疗救助。触电危险性随频率的增高而减少，以 $40\sim60Hz$ 的交流电最危险。

(5)电流的作用时间。电流作用于人体的时间越长，人体电阻越小，则通过人体的电流越大，对人体的伤害就越严重。如 50mA 工频交流电，如果作用于人体的时间不长，不至于致人死亡；若持续数十秒，必然引起人体心脏室颤，致使心脏停止跳动而死亡。

(6)电流通过的不同途径。电流通过头部可使人昏迷；通过脊髓可能导致人体肢体瘫痪；若通过心脏、呼吸系统和中枢神经，可导致人精神失常、心跳停止、血液循环中断。可见，电流通过心脏和呼吸系统，最容易导致人触电死亡。

三、电气事故的类型

按照引发事故的原因不同，电气事故可分为以下几类。

(一)触电事故

触电事故是指电流的能量直接或间接作用于人体所造成的伤害。当人体接触带电体时，电流会对人体造成不同程度的伤害，即发生触电事故。触电事故可分为电击和电伤两类。

1. 电击

电击是指电流通过人体时所造成的身体内部伤害。它会破坏人体心脏、中枢神经系统和肺部，使人出现痉挛、窒息、心颤、心脏骤停等症状，甚至危及生命。在低压系统通电电流不大、通电时间不长的情况下，电流引起人体的心室颤动是电击致死的主要原因。

触电事故通常指电击事故，绝大部分触电死亡事故都是由电击造成的。电击虽然是全身性伤害，但一般不在人体表面留下大面积明显的伤痕。

电击又分为直接电击和间接电击。直接电击是指人体直接接触正常运行的带电体所发生的电击。间接电击则是指电气设备发生故障后，人体触及意外带电部位所发生的电击。

2. 电伤

电伤是指电流的热效应、化学效应或机械效应对人体造成的伤害，包括电能转化成热能造成的电弧烧伤、灼伤和电能转化成化学能或机械能造成的电印记、皮肤金属化及机械损伤、电光眼等。电伤可伤及人体内部，但多见于人体表面。电伤多数造成局部伤害，在人身表面留有明显的伤痕。

(1)电弧烧伤：又称为电灼伤，是当电气设备的电压较高时产生的强烈电弧或电火花烧伤人体，甚至击穿人体的某一部位而造成人体损伤。电弧电流直接通过人体内部组织或器官，造成深部组织坏死，以及局部的烧伤，是电伤中最常见也是最严重的一种。电弧烧伤的具体症状是皮肤发红、起疱，甚至皮肉组织被破坏或被烧焦。

电弧烧伤通常发生在低压系统带负电荷拉开裸露的闸刀开关时，实验室线路发生短路或误操作引起短路时，开启式熔断时炽热的金属微粒飞溅出来时，高压系统因误操作产生强烈电弧时(可导致严重烧伤)，人体过分接近带电体(间距小于安全距离或放电距离)而产生强烈电弧时(可造成严重烧伤而致死)。

(2)电标志：也称电流痕迹或电印记。它是指电流通过人体后在接触部位留下的青色或浅黄色斑痕处皮肤变硬，失去原有弹性和色泽，表层坏死，失去知觉。

(3)电灼伤：又叫电流灼伤，是人体与带电体直接接触，电流通过人体时产生热效应的结果。

(4)皮肤金属化：是由电流或电弧作用于人体产生的金属微粒渗入人体皮肤造成

的，受伤部位多变得粗糙坚硬并呈特殊颜色（多为青黑色或褐红色）。皮肤金属化常发生在带负电荷状态下直接触碰电源开关形成弧光短路的情况。此时，被熔化了的金属微粒到处飞溅，如果撞击到人体的裸露部分，则渗入皮肤上层，在皮肤表面形成粗糙的灼伤。

（5）电光眼：引起电光眼的原因是在弧光放电时，眼睛受到了紫外线或红外线照射，常于照射 4～8 小时后出现眼睑皮肤红肿、结膜发炎，严重的使角膜透明度遭到破坏，瞳孔收缩。

（6）机械损伤：指电流通过人体时产生的机械电动力效应，使肌肉发生不由自主的剧烈抽搐性收缩，致使肌腱、皮肤、血管及神经组织断裂，甚至使关节脱位或骨折。

电击和电伤，往往是同时发生的，但大多数触电死亡是由电击造成的。

（二）雷电和静电事故

雷电和静电都是局部范围内暂时失去平衡的正电荷和负电荷。这些电荷的能量（即储存在其周围场中的能量）释放出来即可能造成灾害。雷电是大气电，是由大自然的力量分离和积累的电荷。雷电放电具有电流大、电压高等特点，有极大的破坏力。雷击除可能毁坏设施和设备外，还可能直接伤及人、畜，甚至引起火灾和爆炸，所以实验室以及个人都必须考虑做好防雷措施。

静电是一种处于静止状态的电荷或不流动电荷（流动的电荷形成电流）。这些电荷周围的场中储存的能量不大，不会直接致人死亡。但是，静电电压可能高达数万乃至数十万伏，可产生静电火花。在火灾和爆炸危险场所，尤其是在石油、化工、粉末加工、橡胶、塑料等行业的生产场所及相关实验室，静电火花是引发安全隐患的十分危险的因素，可对实验仪器设备的安全性造成威胁，使其失灵或损坏，造成重大损失。

（三）射频伤害事故

射频即发射频率，泛指 100kHz 以上的频率。射频伤害表现为感应放电。高大金属构架接收电磁波以后，可能发生谐振，产生较高的感应电压，给人以明显的电击，还可能与邻近的接地导体之间发生火花放电。对于有爆炸性混合物的实验场所来说，射频是十分危险的安全隐患。

除了上述射频伤害事故外，超高压的高强度工频电磁场也可对人体造成类似的伤害。

（四）电路故障事故

电路故障是因电能的传递、分配、转换失去控制而造成的，如断线、短路、接地、漏电、误跳闸、电气设备或电气元件损坏等。电气线路或电气设备故障以及异常停电可能影响人身安全，如实验室内负责排出有害气体的风机停电，可能导致室内有毒气体含量超过最高容许浓度，造成伤亡事故。

以上介绍了四类电气事故，其中触电事故是实验室电气事故中最为常见的一种。应当指出的是，电气事故还可能引起电气火灾和爆炸，造成更大范围的损失。

四、电气事故的特点

(一)抽象性

电具有看不见、听不见、嗅不着的特性，比较抽象，其潜在危险不易被人们所察觉。如果电气设备的绝缘被破坏，当有电压加在设备上时，凭人的主观感觉无法判断设备外壳是否带电，极易造成触电事故。

(二)广泛性

电气事故可由多种因素造成，如电击、雷电、静电等。就电击而言，有因设备而发生的电击，有因带电体接触电气装置以外的导体(如水管等)而发生的电击，还有因断线造成设备外壳带电而发生的电击，这使得对于电气事故的防护十分困难和复杂。

(三)作用时间长短不一(复杂性)

电气事故持续时间较短的，如雷电过程，持续时间仅为微秒级；电气事故持续时间长的，如间歇性电弧短路，通常要持续数分钟至数小时才会引起火灾，电气设备的轻度过载，持续时间可以达若干年，使绝缘的寿命缩短，最终导致因绝缘损坏而产生漏电、短路或火灾。对不同持续时间的电气危害，其保护的方式也有所不同。

第二节　触电安全防护

在电流对人体的伤害中，触电事故最为常见。事实证明发生触电事故时，电流比电压对人体的效应更具有直接性。触电与其他伤害不同，触电伤害往往发生在瞬息之间，人体受到电击后，防卫能力迅速降低，自救可能性极小。

一、电流作用机制和征象

电流通过人体时主要表现为生物学效应，可使人体产生刺激和兴奋行为，也可使人体活的组织发生变异，从一种状态变为另外一种状态。电流通过肌肉组织，可引起肌肉收缩。另外，电流还可能通过中枢神经系统对人体起作用。由于电流可引起细胞兴奋，产生脉冲形式的神经兴奋波，当兴奋波迅速传到中枢神经系统后，后者立即发出指令，使人体各部出现相应的反应，因此，当人体触及带电体时，一些没有电流通过的部位也可能受到刺激，发生强烈的反应。

二、影响电流对人体伤害程度的因素

大量的动物实验及触电事故案例分析表明，当电流通过人体内部时，其对人体伤害的严重程度与通过人体的电流的大小、通电时间、电流途径、人体电阻及人体状况等多种因素有关，而各因素之间又有着十分密切的联系。

(一)电流大小

通过人体的电流越大，人体的生理反应越明显，感觉越强烈，危险性也就越大。

根据人体对电流的生理反应不同，可将触电电流划分为感知电流、摆脱电流和致命电流三级。

(1)感知电流：引起人体感觉的最小电流称感知电流。人体对电流最初的感觉是轻微的发麻和刺痛，成年男性的平均感知电流约为1.1mA，成年女性的平均感知电流约为0.7mA。

(2)摆脱电流：摆脱电流是指人触电后能自行摆脱带电体的最大电流，成年男性平均摆脱电流为1.6mA，成年女性平均摆脱电流约为1.5mA。

(3)致命电流：致命电流是指在较短时间内会危及生命的最小电流。

(二)通电时间

通电时间越长，越容易引起心室颤动，电击危险性也就越大。

(三)电流途径

电流作用于人体，没有绝对安全的途径。从左手到胸部，电流途径短，是最危险的电流途径；从手到手，电流途经心脏，也是很危险的电流途径；从脚到脚的电流是危险性较小的电流途径，但可能因摔倒，导致电流通过全身或摔伤、坠落等二次事故。

(四)人体状况

因人体条件，以及对电流的敏感程度不同，人们在遭受电流电击时危险程度也不同。

三、触电防护原则

(一)直接触电防护

直接触电的防护措施主要有绝缘、屏护与间距、电气安全用具等三项措施。

1. 屏护与间距

所谓屏护，就是采用遮栏、护罩、护盖、箱(匣)等将带电体同外界隔绝开来的技术措施。配电线路和电气设备的带电部分如果不便于使用绝缘材料或者单靠绝缘不足以保证安全时，可采用屏护保护。此外，对于高压电气设备，无论是否有绝缘，均应采取屏护或其他防止接近的措施。屏护装置既有永久性装置，如配电鞋、遮栏、电气开关的罩盖等，也有临时性装置，如实验室检修工作中使用的临时性屏护装置；既有固定装置，如母线的护网，也有移动装置，如跟随天车移动的天车滑线。为了防止人体接近带电体，必须保持足够的检修间距。在低压操作中，人体或其所携带的工具等与带电体的距离应不小于0.1m。

2. 电气安全用具

电气安全用具是防止触电、坠落、灼伤等事故，保障工作人员安全的各种电工安全用具的总称。它主要包括绝缘安全用具、电压和电流指示器、登高安全用具、检修工作中的临时接地线、遮栏和标志牌等。

(1)绝缘安全用具：按电压等级可分为1000V以上和1000V以下两类，按用途可分为基本安全用具和辅助安全用具。基本安全用具是指可以直接接触带电部分，能够长时间承受设备工作电压的用具,如绝缘杆、绝缘夹钳等。辅助安全用具是指用来进一步加强基本安全用具的可靠性和防止触电压及跨步电压危险的用具,如绝缘手套、绝缘靴、绝缘垫和绝缘站台,均为使人与地面及带电部分相互绝缘的辅助安全用具。

(2)携带式电压和电流指示器:是用来检查设备是否带电的用具。当电力设备在断开电源后,要进行检修操作之前,一定要核实电器检验设备是否确实无电。

高压验电笔是一个用绝缘材料制成的空心管,管上装有金属制成的工作触头,触头里装有氖光灯和电容器,绝缘部分和握柄用胶木或硬橡胶制成。

携带式电流指示器通常叫作钳形电流表,可用来测量交流电路中的电流。在使用钳形电流表时,应注意保持人体与带电体之间的距离。测量裸导线上的电流时,要特别注意防止因测量而引起的突然短路或触地短路。

(3)临时接地线:临时接地线一般装设在被装修区段两端的电源线路上,它可用来防止设备因突然来电(如错误合闸送电)而带电,消除邻近高压线路所产生的感应电流。

(二)间接触电防护

除了上文提到的保护接地外,还有保护接零措施,保护接零指在电气设备正常的情况下,将不带电金属部分(外壳)用导线与低压电网的零线(中性线)连接起来。与保护接地相比,保护接零在更多情况下用于保护人身安全,防止触电事故的发生。

(三)使用漏电保护器

漏电保护器也叫触电保安装置或残余电流保护装置,它主要用于防止操作者间接接触或者直接接触引起的单相触电事故,它还可以用于防止因电气设备带电而造成的电气火灾爆炸事故,有的漏电保护器还具有过载保护、过电压保护和欠电压保护、缺相保护等功能。漏电保护装置主要用于1000V以下的低压系统和移动电动设备的保护,也可用于高压系统的电检测。

以防止触电事故发生为目的的漏电保护器,应采取高灵敏度、快速型、动作时间为1秒以下者,额定漏电动作电流和动作时间的乘积应不大于30mA·s,这是选择漏电保护器的基本要求,即漏电保护器的最小电压及额定电压一般不超过安全电压。

四、触电急救

学习电气安全防护的目的是要防止实验室触电事故的发生,倘若事故不可避免地发生了,现场急救是十分关键的。如果处理及时、正确,并能对触电人员进行迅速抢救,很大概率可使触电者获救。

抢救触电者首先应设法迅速切断电源,使其脱离带电状态,后立即就近将其移至干燥与通风场所,切勿慌乱和围观。然后,再根据不同情况进行对症救护。

(一)对症救护

需要救治的触电者,大体情况可分为以下三种。

(1)对于伤势不重、神志清醒,但有心慌、四肢发麻、全身无力,或触电过程中曾一度昏迷，但已清醒的触电者，应让其安静休息，并严密观察。也可请医生前来诊治或必要时送往医院。

（2）对于伤势较重、已失去知觉，但依然有心脏跳动和呼吸的触电者，应使其舒适、安静地平卧，不要围观，使其周围空气流通，同时解开其衣服包括领口与裤带以利于其呼吸。

（3）对于伤势严重，呼吸或心跳停止，甚至两者都已停止，即处于所谓"假死状态"者，则应立即施行人工呼吸和胸外心脏按压进行抢救，同时速请医生或速将其送往医院。

（二）现场救护方法

对触电者进行现场救护的主要方法是心肺复苏法，包括人工呼吸法与胸外按压法。这两种急救方法对于抢救触电者生命来说，既至关重要又相辅相成。所以，一般情况下，上述两种方法要同时施行。

1. 口对口人工呼吸法

口对口人工呼吸就是采用人工机械的强制作用维持气体交换，以使触电者逐步恢复正常呼吸。进行人工呼吸时，首先要保持触电者气道畅通，捏住其鼻翼，深深吸足气，与触电者口对口接合并贴近吹气，然后放松换气，如此反复进行。开始时可先快速连续大口吹气4次。此后，施行频率为10~16次/分，儿童为20次/分。

2. 胸外心脏按压法

胸外心脏按压法就是采用人工机械的强制作用维持人体的血液循环，以使触电者逐步过渡到正常的心脏跳动。让触电者仰面躺在平坦硬实的地方，救护人员立或跪在伤员一侧肩旁，两肩位于伤员胸骨正上方，两臂伸直，肘关节固定不屈，两手掌根相叠。此时，贴胸手掌的中指尖刚好抵在触电者锁骨间的凹陷处，然后再将手指翘起，按压时抢救者的双臂绷直。抢救者双肩在患者胸骨上方正中，垂直向下均匀用力按压，频率为80~100次/分，每次按压和放松的时间要相等。当胸外按压与口对口人工呼吸两法同时进行时，单人抢救，按压15次，吹气2次，如此反复进行；双人抢救，每按压5次，由另一人吹气1次，可轮流反复进行。按压救护是否有效的标志，是在施行按压急救过程中再次测试触电者的颈动脉，看其有无搏动。

第三节　静电安全防护

静电通常是指静止的电荷，但并非绝对静止，它是由物体间的相互摩擦或感应而产生的。静电放电造成的频谱干扰危害，是在电子、通信、航空、航天以及一切应用现代电子设备、仪器的场合导致设备运转故障、信号丢失、误码的直接原因之一。此外，静电造成实验室敏感电子元器件的潜在灵敏度降低或丧失，是降低电子产品工作可靠性的重要因素之一。

一、静电的产生

任何物体的表面都是不平滑的，相互接触只能做到多点接触，当接触距离小于 25×10^{-4} cm 时，电子就有转移，即形成双电层。如果分离的速度足够快，物体即可带电。

摩擦就是紧密接触和迅速分离反复进行的一种形式，从而促使了静电的产生。除了摩擦能够产生静电外，紧密接触、迅速分离的其他形式，如撕裂、剥离、拉伸、撞击、过滤及粉碎、流淌、沉浮、冻结等也会产生静电。

二、静电的危害

静电的危害主要有三个方面，即引起爆炸和火灾、静电电击以及妨碍实验。

(一)静电引起爆炸和火灾

静电的能量虽然不大，但因其放电可出现静电火花，在有可燃液体或气体、爆炸性混合物或有粉尘纤维的爆炸性混合物（如氧、乙炔、煤粉、铝粉、面粉等）的实验室作业场所（如油料运装等），可能引起火灾和爆炸。此外，人体带电同样可以引起火灾爆炸事故。

(二)静电电击

电击会对人体心脏、神经等部位造成伤害。电击的严重程度决定于电流大小、通电时间和时刻、通电途径、电流种类，以及人体特征、人体健康状况和人的精神状况等因素。工频电流较长时间通过人体，数十毫安即可引起人的心室颤动。静电引起的电击电流不是持续通过人体的，而是由静电放电产生的瞬间冲击性的电击电流作用于人体，对人体的影响一般是痛感和震颤，但有时可产生指尖负伤或手指麻木等功能损伤。由于放电是脉冲瞬时现象，静电引起的电击，一般不以电流衡量，而是以带电电位和人体电容来衡量。静电电击有两种情况：第一是带电体向人体放电；第二是人体带电向接地导体放电。

(三)静电妨碍实验

在某些实验过程中，如果不消除静电，将会影响实验的结果。如在计量粉体实验中，由于计量器具带静电而吸附粉体，造成计量误差，影响实验的准确性。静电还可能引起电子元件误动作，使某些电子计算机类精密设备工作失常，致使系统发生误动作而影响实验。

三、静电的防护方式

消除实验室静电危害的常用措施主要有空气增湿、加抗静电添加剂、静电接地、利用静电中和器及工艺控制等。

（一）外部环境静电防护方法

1. 空气增湿

带电体在自然环境中放置，其所带有的静电荷会自行逸散。逸散的快慢与介质的表面电阻率大小及体积电阻率大小有关。而介质的电阻率又和环境的湿度有关，提高环境的相对湿度，不仅可以缩短电荷的半衰期，还能提高爆炸性混合物的最小引燃能量。

存在静电危险的场所，在实验条件许可的情况下，宜采用安装空调设备、地面洒水等办法，提高场所环境的相对湿度，消除静电危害。用增湿法消除静电危害的效果显著。

2. 加抗静电添加剂

化学防静电剂也叫抗静电添加剂。在非导体材料里加入抗静电剂后，能增加材料的吸湿性或离子化倾向。使用防静电剂是消除静电的有效办法，但是某种产品或物料是否允许加入和加入何种类型的化学防静电剂，要根据物料的工艺状态及最终使用目的来确定。

抗静电添加剂的种类很多，有无机盐类，如氯化钾、硝酸钾等；表面活性剂类，如脂肪族磺酸盐、季铵盐、聚乙二醇等；无机半导体类，如亚铜、银、铝等的卤化物；高分子聚合物类等。

3. 静电接地

与地表连接是消除导体上静电的一种简单而又有效的方法，是防静电中最基本的措施。静电接地的目的是使带电体上的电荷有一条导入地表的通路，可采用静电跨接、直接接地、间接接地等手段，把设备上的各部分通过接地极与地表之间做可靠的连接。在有火灾、爆炸危险的场所或静电对产品质量、人身安全有影响的地方所使用的金属用具、门把手、窗销、移动式金属车辆、家具、金属梯子等均应接地。如果一些特殊实验场所不允许采用金属地面（板），而必须采用橡胶等制成的地面（板），为了消除静电的危害，可以采用导电橡胶或其他的导电性制料制成的导电性地面（板）。实验室应尽可能铺设高质量的防静电地板。防雷、电气保护的接地系统，可与静电接地共用。

4. 增加静止时间

化工实验中将苯、二硫化碳等液体注入容器、贮罐时，都会产生一定的静电荷。液体内的电荷将向器壁与液面集中，并可慢慢泄漏消散。完成这个过程需要一定的时间，因此，灌装这类液体完毕后，应先静置，待静电基本消散后再进行相关的操作。

（二）防止人体带电的方法

1. 人体接地

在特殊危险场所工作的操作人员，为了避免人体带电后对地放电所造成的危害，一般情况下应先接触设置在安全区内的金属接地棒，以消除人体电位后再进行操作。如计算机实验室维护人员在拆装电脑前用手握一下机壳或先洗一下手以消除静电。

2. 穿防静电鞋

穿防静电鞋时可以穿棉质的袜子或不穿袜子，不得另加鞋垫特别是绝缘性鞋垫。

不得在鞋底粘贴绝缘胶片或其他涂料。并应做定期检查。

3. 穿防静电工作服

操作人员应穿防静电工作服，且不得在易产生静电的场合梳理头发或使用手机。

4. 工作地面导电化

操作人员通过穿防静电鞋有效消除人体静电的先决条件是必须站在导电性地板上。为此必须使工作地面导电化。最简单的方法是洒水，有些不能洒水的场所，则必须使用导电地面，如导电橡胶板等。

第四节　电磁辐射安全防护

在现代社会，随着高科技电子产品的日益增多，电磁场分布也日益复杂，由此造成的电磁波辐射成了继水源、大气、噪声之后的第四大环境污染源。

一、电磁辐射的产生

任何一种交流电路都会向其周围空间辐射电磁能量，形成有电力与磁力共同作用的空间，这种电力与磁力同时存在的空间称为电磁场。变化的电场与磁场交替产生，并以一定的速度由近及远在空间传播，形成电磁波。电磁场能量以电磁波的形式向外发射的过程称为电磁辐射。

二、电磁辐射的种类

电磁污染源广泛存在于我们生活的周围，几乎包括所有的家用电器，如电视机、电脑、手机等，都可产生电磁污染，只是污染的程度有强弱之分。电磁辐射分为自然形成的电磁辐射和人为引起的电磁辐射两种类型。

（一）自然形成的电磁辐射

自然形成的电磁辐射为由于某种自然现象导致大气层中的电荷电离或电荷积蓄到一定程度后，产生的静电火花放电。火花放电所产生的电磁波频谱很宽，可以从几赫兹到几千赫兹。自然界中的雷电、火山爆发、太阳黑子的活动，以及宇宙间的电子移动等都可产生这类电磁辐射。

（二）人为引起的电磁辐射

这类电磁辐射主要来源于无线电与射频设备（射频辐射场源，又称高频电磁场）以及功率输电系统（工频场源），其中，高频电磁场对人体的伤害最大，核电磁脉冲辐射所产生的干扰和破坏作用也极为严重。

三、电磁场危害

电磁辐射会对周围的电子设备产生严重干扰。这种干扰会使实验设备不能正常工作，如电磁辐射会影响电子图像的生成，导致图像模糊或不稳定，从而影响实验的结果。电磁辐射同样会引起金属器件发热，引起可燃性气体、油类等的燃烧与爆炸。另外，由于人体内各器官组织的导电、导磁能力不同，电磁场对机体各器官、组织的伤害也不同。电磁场对人体的危害程度受许多因素的影响，具体如下所述。

(一)电磁场强度

电磁场强度越高，人体吸收的能量越多，伤害越大。电磁场强度取决于发射源的辐射功率和发射源的距离，发射源的辐射功率越大，与发射源的距离越近，电磁场强度越高。同时金属物体在电磁场作用下会感应到交变电流，产生交变电磁场，造成二次发射，加强了辐射强度。

(二)电磁场频率和波形

电磁场的频率也会影响对人体伤害的程度。随着频率增加，人体内的电偶极子的电激励程度加剧，对人体的伤害也加重。在其他条件相同的情况下，脉冲波对人体造成的伤害比连续波更严重。

(三)照射时间

电磁场对人体的伤害有积累效应。低强度电磁场照射所产生的不明显症状，一般在经过4～7天后就可以消失，但是，如果再次恢复之前的照射，便可转变为明显症状。因低强度超高或特高电磁场照射产生的症状在脱离接触4～6周后才能恢复。但是，如果电磁场强度高，照射时间长，造成的伤害则可能是永久性的。

人体被电磁场照射的时间越长，或照射的间歇时间越短，以及累计照射时间越长，受到的伤害就越严重。

(四)环境条件

人体在电磁场作用下，吸收电磁场能量转化为热能，同时，又要通过机体表面向周围散热。因此，当周围温度过高或湿度过大时，不利于机体散热，可使电磁场对人体造成的伤害加重。

(五)人体状况

在其他条件相同的情况下，电磁场对人体造成的伤害，一般女性比男性严重，儿童比成人严重。人体被照射的面积越大，吸收能量越多，伤害就越严重。就人体部位而言，血管分布较少的部位，传热能力较差，所吸收能量容易积累并受到伤害。

四、电磁辐射的防护方式

造成设备性能降低或失效的电磁干扰必须同时具备三个要素：一是有一个电磁干扰源；二是有一台电磁干扰敏感设备；三是要有一条电磁干扰的耦合通路，以便把能量从干扰源传递到干扰敏感设备。实验室电磁辐射的防护措施主要有以下几种。

(一)屏蔽

利用磁性材料或者低阻材料(如铝、铜)等制成容器，将需要隔离的设备、装置、电路、元器件用上述容器全部包装防护的措施称为屏蔽。屏蔽是防护通过空间传播的电磁干扰的有力措施之一，屏蔽的形式可分为静电屏蔽、磁场屏蔽和电磁屏蔽。

1. 静电屏蔽

消除两个设备、装置及电路之间由于分布电容耦合所产生的静电场干扰称为静电屏蔽。静电屏蔽主要用于防止静电耦合干扰。屏蔽的机制是利用低阻金属材料制成容器，使其内部的电力线不传到外部，外部的电力线不传到内部。利用屏蔽壳体接地来实现电场终止。

2. 磁场屏蔽

磁场屏蔽通常指对直流磁场或低频磁场的屏蔽，其屏蔽效果比对电场和电磁场的屏蔽效果差很多。因此，磁场屏蔽主要用于防止低频磁场干扰。磁场屏蔽的机制主要依赖于高导磁制材料所具有的低磁阻特性，依托该特性对磁通量起到分路作用，进而使得屏蔽体内部的磁场强度大大减弱，而尽量不扩散到外部空间。

3. 电磁屏蔽

用金属和磁性材料对电场和磁场进行隔离的措施称为电磁屏蔽。这种屏蔽通常用于隔离 10kHz 以上高频场的干扰。

（二）接地

接地的目的主要是防止电磁脉冲的干扰，以保证实验人员和设备的安全。接地和屏蔽有机地结合起来，可解决大部分电磁干扰问题。

（三）其他

在实验室及日常生活中，手机、电脑等都存在着一定的电磁辐射，须注意使用的安全距离和时间。

第五节　雷电安全防护

雷电是一种自燃现象。它不仅能击毙人畜、劈断树木、破坏建筑物及各种工业设施，还能产生极高的电压和极强的电流，破坏电气设备或电力线，造成大规模停电甚至引起火灾或爆炸。

一、雷电的产生及危害

（一）雷电的产生

雷电是大气中的放电现象，雷云是构成雷电的基本条件。在雷云的形成过程中，某些云层积聚起正电荷，另一些云层积聚起负电荷，随着电荷的积累，雷云的电位逐渐升高。当带不同电荷的雷云互相接近到一定程度，或雷云与大地凸出物接近到一定程度时，就会发生激烈的放电，出现强烈的闪光。由于放电时温度高达 20000℃，空气受热急剧膨胀，发生爆炸的轰鸣声，这就是闪电和雷鸣。

（二）雷电的危害

雷击时，电流很大，其值可达数十千安培至数百千安培，由于放电时间极短，故放电电流非常大，可达 50kA/s，同时雷电电压也极高。因此雷电有很大的破坏力，会造成设备或设施的损坏以及生命财产损失。雷电的危害是多方面的，突出表现在放电时所出现的各种物理效应和作用，雷电可分为直击雷、雷电感应（包括静电感应和电磁感应）和雷电侵入波三种。

二、雷电的防护措施

面对直击雷、雷电感应、雷电侵入波，应根据不同的保护对象采取不同的防护安全措施。常用的防雷装置包括避雷针、避雷线、避雷网、避雷带、保护间隙及避雷器。完整的防雷装置包括接闪器、引下线和接地装置。而上述避雷针、避雷线、避雷网、避雷带及避雷器实际上都是接闪器。除避雷器外，它们都是利用其高出被保护物的突出部位，把雷电引向自身。然后通过引下线和接地装置把雷电流泄入大地，使被保护物免受雷击。

在实验室内应注意雷电侵入波的危险。人员应远离照明线、动力线、电话线、广播线、收音机电源线、收音机和电视机天线以及与其相连的各种设备，以防止此线路或设备对人体造成二次放电。在发生雷电时，人体最好离开可能传来雷电侵入波的线路和设备 15m 以上。应当注意，仅仅关闭开关对于防止雷击是不起作用的。雷电活动时，还应注意关闭门窗，防止球形雷侵入室内而造成危害。

第六节　电气防火、防爆

在实验室尤其是化工类实验室中，使用的电气设备由于操作不当、绝缘损坏等原因产生电弧或电火花时，易引起火灾或爆炸。为此，有必要进一步了解电气火灾产生的原因，以采取适当的预防措施及正确的抢救方法，防止人身触电事故及爆炸事故等的发生。

一、引发电气火灾和爆炸的原因

只要具备了以下两个条件，就会发生电气火灾或爆炸：一是有易燃、易爆物质和环境；二是有引燃条件。

（一）易燃、易爆物质和环境

在煤炭、石油、化工等实验室中，广泛存在着易燃、易爆、易挥发物，容易在实验、储存、运输过程中与空气混合，形成爆炸性混合物。在实验室中，乱堆放杂物、木质结构房屋、明设电气线路等，都易形成易燃、易爆的环境。

（二）引燃条件

电气设备和电气系统存在异常时，会成为潜在电气着火源，进而引发火灾和爆炸事故。电气着火源可由电气线路和电气设备过热、电火花和电弧、静电放电等原因生成。

(三)电气火灾的特点

1. 隐蔽性

通常，由于漏电与短路都发生在电器设备及穿线管的内部，因此在一般情况下，电气起火的最初部位是看不到的，只有当火势已经形成后才能看到，但此时再进行扑救已经很困难。传统的喷雾报警器很难对电气火灾实现早期报警。同时，因电线或电器设备着火一般在其内部，看不到起火点，且不能用水来扑救，所以总体上电器着火不易扑救。

2. 燃烧快

电线着火时，火焰沿着电线燃烧得非常迅速，其原因是处于短路或过载时的电线温度非常高(有时可达 300～400℃)。

二、电气防火、防爆的基本措施

(1)正确选用电气设备。根据电气设备所使用的场所，按照国家有关规定正确选用相关设备。

(2)按规范选择合理的安装位置。保持必要的安全间距是防火、防爆的一项重要措施。

(3)加强维护、保养、维修，保持电气设备正常运行。如保持电气设备的电压、电流、温升等参数不超过允许值，保持电气设备有足够的绝缘能力，保持电气连接良好等。

(3)通风。如在爆炸危险场所安装良好的通风设备，可以降低爆炸性混合物的浓度，降低爆炸发生的概率。

(5)采用耐火设施。如为了提高耐火性能，在木质开关箱内的表面衬以白铁皮。

(6)接地。

三、几种常见电器的防火、防爆

(一)常用灯具的防火、防爆

(1)白炽灯、高压汞灯与可燃物之间的距离不应小于 50cm，卤钨灯与可燃物之间的距离则应大于 50cm。

(2)严禁用纸、布等可燃材料遮挡灯具，灯具的正下方不宜堆放可燃物品。

(3)超过 60W 的白炽灯不应直接安装在可燃性材料的顶棚处。

(4)灯泡距地面的高度一般不低于 2m，如低于 2m，则应采取防护措施。

(5)安装日光灯镇流器时应注意通风散热，不允许将镇流器直接固定在可燃天花板或板壁上。

(6)镇流器与灯管的电压和容量必须相同，并应配套使用。

(7)在低压照明中，要选择足够大的导线截面，防止发热量过大而引起危险。

(8)有大量可燃粉尘的地方，要采用防尘灯具。

(9)易爆炸场所应安装相应的防爆照明灯具。

(二)显示类设备的防火、防爆

(1)不宜长时间连续使用显示类设备，以免机身内热量积聚，高温季节尤其要注意。

(2)关闭设备机身开关的同时应切断电源。

(3)保证设备通风良好，以利于散热。

(4)防止设备受潮。防止潮湿而损坏设备内部零件或造成设备短路。

(5)雷雨天尽量不用室外天线以免遭受雷击。

(6)注意保养除尘，发现故障或异常时要立即关机检查。

(7)一旦设备起火，切不可用水扑救，可以切断电源后，用棉被将其盖灭，注意只能从侧面靠近设备，以防显像管等爆炸伤人。

(三)空调器的防火、防爆

(1)勿使可燃窗帘靠近窗式空调器，以免窗帘受热起火。

(2)电热型空调器在关机时，牢记切断电热部分的电源。需冷却的，应坚持冷却2分钟。

(3)禁止在短时间内连续停、开空调器，停电时勿忘记将开关置于"停"的位置。

(4)空调器应保持清洁。空气过滤器应定期清洗，以免积灰太多，影响空气对流。

(5)空调器电源线路的安装和连接应符合额定电流不小于 5~15A 的要求，并应设单独的过载保护装置。

(四)电冰箱的防火、防爆

(1)电冰箱内不要存放化学危险物品。如果确需存放，则必须注意容器要绝对密封，严防气体泄漏。

(2)保证电冰箱背面干燥通风，冷凝器应与墙壁保持一定距离。切勿在电冰箱背后塞放可燃物。电冰箱的电源线不要与压缩机冷凝器接触。

(3)电冰箱的电气控制装置失灵时，应立即停机检查修理，防止温控开关进水受潮。

(4)电冰箱断电后，至少要间隔 3~5 分钟才可以重新启动。

(五)微波炉的防火、防爆

微波炉使用完毕后应及时拔掉电源插头；定期清洗；电路或导线老化后要及时更换；不要用物品遮挡住排风机。

第六章 放射性安全防护

目前，国家越来越重视放射性污染及其危害的问题，于 2003 年开始将其管理职能统一至环保部门，并于 2005 年 9 月颁布了中华人民共和国国务院第 449 号令《放射性同位素与射线装置安全和防护条例》。高校实验室也涉及密封性和非密封性放射性物质的使用。本章主要介绍了放射性知识基础、放射性危害与防护、放射性废弃物的处置及放射性与射线类仪器的分类与防护，以期减少放射性危害事故，保障人们的生命与财产安全。

第一节　放射性知识基础

一、放射性的定义

放射性是一种自然现象。某些物质的原子核能发生衰变，放射出我们既看不到也感觉不到，且只能用专门的仪器才能探测到的射线。物质的这种性质叫作放射性。

每一种元素的原子核中的质子数是固定不变的，但中子数却往往不同，这种具有相同质子数、不同中子数的核素就叫作同位素。每个原子的中心有一个"原子核"，大多数物质的原子核是稳定不变的，但有些物质的原子核不稳定，会自发地发生某些变化，这些不稳定原子核在发生变化的同时会发射出各种各样的射线，这种性质就是人们常说的"放射性"。有的放射性物质在地球诞生时就存在，如铀、钍、镭等，它们是天然放射性物质。另一方面，人类出于不同的目的制造了一些具有放射性的物质，这种物质叫人工放射性物质。

天然放射性核素品种很多，其性质与状态也各不相同。它们在环境中的分布十分广泛，在岩石、土壤、空气、水、动植物、建筑材料、食品甚至人体内都有天然放射性核素的踪迹。

二、放射性的组成与特性

放射性是 1896 年由法国物理学家安托万·亨利·贝克雷尔发现的。他发现铀盐能放射出穿透力很强的，并能使照相底片感光的一种不可见的射线。研究表明，射线主要有如下三种：

(1)α射线：为高速运动的氦原子核的粒子束，它的电离作用大，穿透能力小。

(2)β射线：为高速运动的电子束，它的电离作用小，穿透能力大。

(3)γ射线：为波长很短的电磁波（波长为 0.0001～0.1nm），它的电离作用小，穿透能力大。

另外，许多天然和人工制造的核素也都能自发地放射射线，除了上述 3 种射线外，还有正电子、质子、中子和中微子等其他粒子也具备放射特性。能放射各种射线的核素，称为放射性核素（物质）。

放射性是核素的一种固有特性，不受温度、压强或磁场的影响。它是由原子核内部的变化引起的，与核外电子状态的改变关系很小。

物质发出射线的现象称为辐射。辐射包括电离辐射和非电离辐射两类。能够引起物质电离的辐射称为电离辐射。电离辐射的种类很多，常见的有电磁辐射（包括 X 射线和 γ 射线），带电粒子射线（包括 β 射线、电子束、α 射线、质子射线、氘核射线、重离子束、介子束等），以及不带电粒子射线（中子射线）。绝大多数电离辐射是由核反应堆、加速器以及放射性同位素产生的。

放射性物质的一个重要特性是其具有"半衰期"。"半衰期"是指放射性元素的原子核有半数发生衰变时所需要的时间，随着放射的不断进行，放射强度将按指数曲线下降，放射性强度达到原值一半所需要的时间叫作同位素的半衰期。如给定 1mg 的镭，经过 1620 年衰变掉一半而只剩下 0.5mg，则镭的半衰期便是 1620 年。

三、放射性的应用

放射性已广泛应用于国民经济的各个方面，主要体现在以下三个方面。

(1)获取信息：如同位素示踪、中子活化分析、中子照相、过程监测、工业无损探伤、火灾预警报警、资源探测、人体脏器显像、放射性免疫分析等。

(2)物质改性和材料加工：如辐射加工、中子掺杂、静电消除、辐射育种、离子注入、癌症放射治疗等。

(3)开展衰变能应用：如开发同位素电池、光源、热源等。

放射性现象、核能在科研、教育、医疗、工业等许多领域中的广泛应用，使人类获得了巨大的利益。然而，在这过程中，也出现了放射性污染。

第二节　放射性危害与防护

一、放射性污染的来源及分类

（一）环境常见放射性物质

(1)大气中的放射性物质：由地层中的天然放射性矿物释放而进入大气。如地壳中的天然放射性核素铀-23、铀-235、铀-232，它们衰变而生成新的放射性核素氡-222和氡-220。这两者由地面扩散进入大气，再进行衰变而生成新的放射性核素铅-210和钋-210，后者立即被气溶胶质粒吸附。

(2)土壤中的放射性物质：土壤主要是由岩石的侵蚀和风化作用而产生的，因此土壤中的放射性物质是从岩石转移而来的。由于岩石的种类很多，受到自然条件的作用程度也不尽一致，可预期土壤中天然放射性核素的浓度变化范围是很大的。土壤的地理位置、地质来源、气候以及农业历史等都是影响土壤中天然放射性核素含量的重要因素。

普通燃煤中常含有一定的放射性矿石。分析研究表明，许多燃煤烟气中含有铀、钍、镭-226、钋-210及铅-210等放射性元素。尽管这些物质含量很少，但长期的慢性积蓄，这些放射性的污染很可能随空气及被烘烤的食物进入人体。

(3)水中的放射性物质：在自然环境中，水中天然放射性核素的浓度与多种因素有关。地下水中的天然放射性核素主要来源于受到地下水侵蚀的岩石和土壤。

(二)宇宙射线

天然放射性物质还包括宇宙射线。宇宙射线是一种从宇宙空间射到地球上的高能粒子流。它由质子、粒子等组成。其天然放射性已为人类所适应，并未对人体造成危害。

(三)人为因素产生的放射性物质

目前，我国有10多个核电机组正在建造、调试和运营。另外，每年要生产和进口数以千计的放射源，X射线和CT技术也越来越普遍地应用于医疗诊断。据统计，全国使用放射源的单位有8300多家，放射源总数约7万。

(1)核武器试验的沉降物：在大气层进行核试验时，其核裂变产物包括200多种放射性核素，如锶-89、锶-90、铯-137、碘-131、碳-14、铀-235、钚-239等。

(2)核燃料循环的"三废"排放：原子能反应堆、原子能核电站、核动力舰艇均对核燃料有着大量的需求。然而核燃料的产生、使用与回收及其循环的各个阶段均会产生"三废"，可对周围环境造成一定程度的污染。

(3)医疗照射引起的放射性污染：由于辐射在医学上的广泛应用，医用射线源已成为主要的环境污染源。

(4)其他来源的放射性污染：如工业、医疗、国防、研究领域使用的放射源；因运输事故、遗失、偷窃、误操作以及废弃物处理不当等原因产生的放射源；居民日常使用的含有天然或人工放射性核素的产品。

二、放射源物质的危害

放射源发射出来的射线具有一定的能量，它可以破坏细胞组织，从而对人体造成伤害。

当人体受到大量射线照射时，可能会产生诸如头晕乏力、食欲减退、恶心、呕吐等症状，严重时会导致机体损伤甚至死亡。当人体只接受了少量射线照射并处于安全水平时，一般不会产生不适症状，也不会对身体造成伤害。

国际原子能机构根据放射源对人体可能造成的伤害程度，将放射源分为五类：

Ⅰ类：极危险源，在没有防护的情况下，接触这类放射源几分钟到 1 小时就可致人死亡。

Ⅱ类：高危险源，在没有防护的情况下，接触这类放射源几小时至几天就可以致人死亡。

Ⅲ类：中危险源。在没有防护的情况下，接触这类放射源几小时就可对人体造成永久性损伤，接触几天至几周也可致人死亡。

Ⅳ类：低危险源，基本不会对人体造成永久性损伤，但对长时间、近距离接触这种放射源的人，可能会造成可恢复的临时性损伤。

Ⅴ类：极低危险源，不会对人体造成永久性损伤。

放射性物质广泛存在于地质层、大气和水源之中。人体对放射性的承受能力有一定限度，超过了限度则有可能引起不适和病变。如许多住宅装修中使用天然石块等建筑材料，因某些材料含有氡等放射性元素而容易产生放射性污染，从而对人体造成伤害。

三、放射源的防护

(一)放射源的安全管理

放射源按其密封状况可分为密封源和非密封源。密封源是指密封在包壳或紧密覆盖层里的放射性物质。工业、农业生产中应用的料位计、探伤机等使用的都是密封源，如钴 60、铯 137、铱 192 等。非密封源指没有包壳的放射性物质，医院和生命科学研究机构使用的放射性示踪剂属于非密封源，如碘－131、碘－125、锝－99 等。

放射性安全管理的主要内容如下所述。

(1)严格按照国务院颁布的《放射性同位素与射线装置安全和防护条例》开展有关放射性的实验工作。涉及放射源的单位须根据各实验室的工作需要，编写《实验室放射性同位素安全操作规程》，并在放射工作场所的醒目地方张贴相应的规章制度和操作规程。

(2)使用放射性同位素和射线装置的单位，应依照规定办理登记手续取得许可证，并配备必要的防护用品和监测仪器，且有健全的安全防护管理制度和辐射事故的应急措施。

(3)放射性物质、同位示踪剂等试剂的采购需由申请人提出，经本部门(单位)负责人签字盖章后，到校保卫处审核，然后报当地公安局批准，最后由校内指定的专门负责部门持"许可证"和"批准件"到公安部门规定的供应商处采购。不准擅自采购、储存、使用放射源、同位素示踪试剂。我国环保部门规定：射线类装置(仪器)须持有"许可证"方可购置。

(4)使用、储存放射源的单位，应当建立安全保卫制度，指定专人负责，专人保管。放射性同位素应当单独存放，不得与易燃、易爆、易腐蚀物品等一起存放，其储存场所应当采取有效的防火、防盗、防射线等安全防护措施，储存、领取、使用、归还放射性物质应当进行登记、检查，确实做到账物相符。

(5)同位素的包装容器、含放射性同位素的设备、射线装置应当设置明显的放射性标识和中文警示说明。储源室必须符合防护屏蔽设计要求，确保周围环境安全，应有专人管理，并设置醒目的"电离辐射"标志，严禁无关人员进入。

(6)员工实行上岗培训制度，严格按照《实验室放射性同位素安全操作规程》进行，做好安全保护工作。

(二)放射源的防护措施

放射源并不可怕，对放射源无端的恐惧是没有必要的，特别是那些已经采取了安全保护措施、正常使用的放射源，对人体是基本没有危害的。放射源发射的射线有：阿尔法射线（α 射线）、贝塔射线（β 射线）、伽马射线（γ 射线）、中子射线（η 射线）等，它们看不见、摸不着，必须使用专门的仪器才能探测得到。不同的射线在物体中的穿透能力也各不相同。一张厚纸可以挡住 α 射线；有机玻璃、铝等可以有效地阻挡 β 射线；γ 射线穿透力较强，可以用混凝土、铅等阻挡；中子射线需要石蜡等轻质材料来阻挡。

(1)实验中应尽量减少放射性物质的用量。选择放射性同位素时，应在满足实验要求的情况下，尽量选用危险性小的。

(2)实验过程应力求迅速、熟练，尽量减少被辐射的时间，并应尽可能利用各种夹具、机械手来操作，以便远离辐射源，减少被辐射的剂量，同时应设置隔离屏障。

(3)实验时必须戴好专用的防护手套、口罩，穿工作服。实验完毕，立即洗手或洗澡。禁止在实验室内吃、喝或抽烟。

(4)实验室应保持清洁，有良好的通风条件。实验过程中煮沸、烘干、蒸发等均应在通风柜中进行，粉末物质应在手套箱中进行处理。

(5)佩戴个人辐射剂量计，可以知晓当天的受辐射剂量和累积剂量，以便将其控制在安全水平以下。

(6)射线的防护手段主要有如下四种。

1)距离防护：距离放射源越远，接触的射线就越少，受到的伤害也越小。

2)屏蔽防护：选取适当的屏蔽材料(如混凝土、铁或铅等)做成屏蔽体遮挡放射源发出的射线。

3)时间防护：尽可能减少与放射源的接触时间。在实际工作中，通常将其他三种防护手段组合应用。

4)器材防护：为防止放射性物质由呼吸道进入人体。操作者应佩戴口罩、手套、目镜。穿防护服等保护用品。

第三节 放射性废弃物的概况及处置

一、放射性废弃物的概况

放射性废弃物是指含有放射性核素或被放射性核素污染，其浓度或活度大于国家审核管理部门规定的清洁解控水平，并且预计不再利用的物质。我国核技术的应用始于 20 世纪 50 年代，现已扩展到工、农、科、医和文化教育各个领域。核技术的特点是用户分散，易造成事故，形成局部环境的放射性污染。

如何处理淘汰、废弃的放射性物质是人们普遍关心的问题。例如，核电厂的"三废"(气体废弃物、液体废弃物、固体废弃物)的治理是与主体工程同时施工、同时投产的。世界各国的核电厂对"三废"的处理原则都是：尽量回收，将排放量减至最小。

部分高校也有使用少量的密封性放射性物质，并产生了相应的废弃物的情况，特别是近几年来快速发展的生命科学研究，常需要使用同位素示踪试剂(非密封性放射源)。虽然这种放射性物质的活性较低、半衰期较短，但其使用及其废弃物的安全已成为一个新的问题，应该引起足够的重视。

二、放射性废弃物的处置

采用一般的物理方法、化学方法及生物学方法处理放射性废弃物无法完全将放射性物质去除或破坏，只有依靠其自身的衰变使放射性衰减到一定的水平，如碘-131、磷-32等半衰期短的放射性废弃物，通常在放置十个半衰期后进行排放或焚烧处理。而对于许多半衰期较长的放射性废弃物，如铁-59、钴-60 等，以及一些由放射性废弃物衰变而成的新的放射性物质，需经过专门的处理后，装入特定容器集中埋于放射性废弃物坑内。

(1)放射性废气通常会先进行预过滤，再通过高效过滤后排出。

(2)如果放射性废液的放射性水平符合国家放射性污染排放标准，可以将其排入下水道，但必须注意避免其累积。放射性水平比容许排放的水平高的液体，废弃物应贮存起来，让其逐渐衰变至安全水平，或者采取某种特殊的方法处理。放射性废液的处理方法主要有稀释排放法、放置衰变法、混凝沉降法、离子变换法、蒸发法、沥青固化法、水泥固化法、塑料固化法、玻璃固化法等。

(3)放射性固体废弃物主要是指被放射性物质污染而不能再用的各种物体。固态废弃物须贮存起来等待处理或让其放射性衰变。其处理方法主要有焚烧、压缩、去污、包装等。

生命科学研究中的同位素示踪实验使用了同位素示踪试剂，可产生实验废液。应注意不能将这种实验废液作为普通的废水、废液随意与普通化学废液混放，更不能直接将其排入下水道。必须按规定集中储存，然后请专业公司进行统一处理。排放必须符合国家放射性污染防治标准。

第四节 放射性与射线类仪器的分类与防护

一、放射性与射线类仪器的类别

高校实验室使用的放射性与射线类仪器主要包括：

(1)G-M计数管、自动定标器、碘化钠闪烁计数器、热释光剂量仪等，主要用于生命科学研究的同位素示踪实验等。

(2)X射线多晶(粉末)衍射仪、X射线单晶衍射仪、带电子捕获检测器的气相色谱仪等，主要用于物质的成分与结构测定。

二、放射性器材的防护管理及分类应用

(一)射线类仪器的安全管理

(1)各相关单位须根据各实验室的工作需要和仪器特点，制定《射线类仪器安装操作规程》，并在放射工作场所的醒目地方张贴相应的规章制度和操作规程。

(2)各单位必须指定专人负责保管和管理射线装置。根据2020年国家卫生健康委员会印发《工作场所职业卫生管理规定》，从事放射性工作的人员必须持证上岗。

(3)各单位应建立健全安全检查制度。定期对各实验室使用的射线装置和放射性工作场所进行安全检查。

(4)新建、改建、扩建放射性工作场所的放射性防护设施时，必须与主体工程同时设计审批、同时施工、同时验收投产。放射性防护设施设计方案及相关文件，必须报学校主管部门审查同意后方可实施。竣工后须经卫生、公安、环境保护等有关部门验收同意，获得许可证后方可启用。

(二)射线防护器材的种类与应用

辐射防护领域中使用的射线防护器材按防护对象分为个人防护用品(如防护衣、铅玻璃眼镜等)、防护装置(如防护门、防护窗等)；按材料可分为建材类、金属类、铅玻璃类和铅橡胶类等。

(1)建材类防护材料：一般指各种类型的混凝土、砖、重晶石、防护涂料(填料)、成型防护板材或板块等，用于射线装置机房、放射源室、辐射室、核设施等基建屏蔽防护工程的防护材料。

(2)金属类防护器材：指用金属材料和其他防护材料经机械加工而制成的各种射线屏蔽防护装置。例如，各种规格的射线防护门、防护窗、防护屏风、防护椅，及核医学科所用的分药箱和储药箱、铅房、铅罐、铅砖、射线探伤铅室等。这类防护器材多用于X射线机房、CT机房、ECT机房、射线工业探伤室等。

(3)铅玻璃类防护器材：铅玻璃主要分为两类，一类为无机铅玻璃，当前在我国应用最为广泛；另一类为有机铅玻璃，比无机铅玻璃的耐冲击性要高，但不耐碱和酒精。无机铅玻璃主要用于 X 射线机房、CT 机房、ECT 机房等观察窗和铅眼镜的制作。有机铅玻璃易加工、质轻、耐冲击性能强、透明性好，广泛用于制作各种防护屏风和其他防护用品，如防护面罩等。

(4)铅橡胶类防护用品：主要用于放射科工作人员和患者的屏蔽防护，包括铅橡胶衣、铅橡胶坎肩、铅橡胶围裙、铅橡胶手套、性腺防护器、甲状腺防护围领、防护罩单、防护三角等。

第七章 实验室信息安全

实验室在运行过程中，涉及大量信息（包括实验室技术参数、观测数据、实验分析结果）的采集、存储、传输、处理和应用。现代信息技术的应用在提高工作效率的同时，也带来了信息安全的问题。本章主要从安全教育和管理、场地设施安全、安全防护技术等角度，分析实验室信息安全工作的主要内容。

第一节 实验室信息安全概述

一、信息安全的重要性

随着信息技术的迅速发展，大量信息设备，如计算机、网络进入实验室，传统的实验仪器设备大多数也进行了电子化、信息化改造，嵌入了各种信息处理装置。这一方面大大提高了实验室采集、存储、传输、处理和应用信息的效率，另一方面也使实验室信息安全受到了前所未有的挑战。图 7-1 为我国信息安全产业概览。

图 7-1 我国信息安全产业概览

（一）信息技术广泛应用，信息安全面临的危险大大增加

各种信息技术系统已成为国家的关键基础设施，其运作方式有别于传统模式，无论是在计算机上的存储、处理和应用，还是在通信网络上的传输，信息都有可能被非

法授权访问而导致泄密，被篡改破坏而导致不完整，被冒充、替换，导致否认，也可能被阻塞拦截而导致无法存取。信息安全面临的危险大大增加，已经直接影响到社会经济、政治、军事以及个人生活的各个领域，甚至影响到国家安全。

(二)信息安全意识普遍淡薄，信息安全事故频发

据公安部统计：80％的信息技术应用单位没有相应的安全管理措施，58％的单位没有严格的信息调存管理制度。由此导致各种重要信息的滥用、丢失和被盗，其中70％的安全事故来自组织内部。国家数据公司 IDC 在针对 300 多家大公司进行调查后指出：61％的被调查公司存在内部信息非授权使用和篡改等非法行为，70％的公司认识到数据的丢失和被篡改是造成公司经济损失的重要原因。

(三)信息安全管理措施不到位，泄密、失窃等成为首要问题

泄密是信息安全的首要问题，往往会造成国家、社会和个人的巨大损失，相关案例比比皆是。2019 年 5 月，美国安全研究员布赖恩·克雷布斯称，美国保险公司 First American Financials 的 8.85 亿份文件在其官方网站上被泄露。这些记录可以追溯到 2003 年，包括银行账户信息、社会安全号码、抵押贷款记录、税务文件和驾照复印件。该网站不需要密码即可访问这些文件。据报道，北美每年失窃个人电脑总值超过 10 亿美元，带来了严重的信息安全问题。

(1)如果硬盘没有备份，存储在其上的所有数据就都丢失了。

(2)在备份数据恢复到替代设备上的过程中不能对数据进行及时访问。

(3)如果数据没有加密，任何人均可访问存储中的数据。

(4)即使找到了丢失的电脑，也很难确认是否有人复制了其中的数据。

除了泄密、失窃，数据被篡改所造成的损失也是难以估量的。

(四)加强实验室信息安全工作迫在眉睫

实验室信息安全的漏洞比比皆是，如只有简单密码的电脑，敏感但又没有得到保护的数据。加强实验室信息安全工作迫在眉睫，这不仅仅是安装防火墙和杀毒软件来抵制黑客的恶意攻击和病毒的泛滥，更重要的是要树立实验室工作人员的安全防范意识和保密态度。

二、信息安全的基本概念和特点

信息安全涉及的范围很广泛，包括信息人员的安全性、信息管理的安全性、信息设施的安全性、信息本身的保密性、信息传输的完整性(防止信息被未经授权地篡改、插入、删除等)、信息的可用性(保证信息和信息系统确实能够为合法授权者所用)等。

从狭义上讲，信息安全就是国际标准化组织 ISO 对"计算机安全"的定义："为建立的数据处理系统采用技术和管理层面的安全保护，保护计算机硬件、软件、数据不因偶然和恶意的原因而遭到破坏、更改和泄露。"

从广义上讲，信息安全可定义为："信息的保密性、完整性、可用性、不可否认性和可控性的保持和维护。"

(一)保密性

保密性针对信息被允许访问对象的多少而不同。所有人员都可以访问的信息为公开信息，需要限制访问的信息一般为敏感信息或秘密。秘密可根据数据的重要性及保密要求分为不同的密级。例如，国家根据秘密泄露对国家经济、安全利益产生的影响(后果)不同，将国家秘密分为秘密级、机密级和绝密级三个等级。相关组织可根据其信息安全的实际情况，在符合《中华人民共和国保守国家秘密法》的前提下将信息划分为不同的等级。如广州市涉密计算机信息系统可分为 A(国家绝密级)、B(国家机密级)、C(国家秘密级)、D(工作秘密级)四个级别。这里的保密性是指信息不泄露给非授权用户，不被非法利用，即使非授权用户得到信息也无法得知信息的内容。保密性通常通过访问控制组织非授权用户获得机密信息，通过加密技术组织非授权用户获知信息内容。

(二)完整性

信息完整性一方面指信息在生成、传输、存储和使用过程中不被篡改、丢失、缺损等。另一方面指信息处理方法的正确性。如误删文件可能造成重要文件的丢失，可通过访问控制阻止篡改行为；也可通过消息摘要算法来检查信息是否被篡改，确保数据未经授权不能进行改变的特性，即保证信息处于一种完整和未损的状态。

(三)可用性

可用性是指信息及相关的信息资源在授权人需要的时候可以随时获得。例如，通信线路中断故障会造成信息在一段时间内不可用，影响正常的商业运作，这是对信息可用性的破坏。网络环境下的拒绝服务攻击(DoS)、分布式拒绝服务(DDoS)都属于对可用性的攻击。可用性是信息资源服务功能和性能可靠性的度量。要保障可用性，除了备份和冗余配置外，目前没有特别有效的方法。

(四)不可否认性

不可否认性是指能保证用户无法在事后否认曾对信息进行的生成、签发、接收等行为，是针对交换信息各方的信息真实同一性的安全要求。一般应用数字签名和公证机制来保证不可否认性。

(五)可控性

可控性是指可以控制授权范围内的信息流向及行为方式，对信息的传播及内容具有控制能力。为保证可控性，通常通过握手协议和认证对用户进行身份鉴定，通过访问控制列表等方法来控制用户的访问方式，通过日志记录用户的所有活动以便查询和审计。

三、信息安全的范围

信息安全包括管理安全(教育与管理体系)、物理安全(场地与设备安全)、运行安全(技术手段与措施)等三个方面。

(一)管理安全

管理安全是保证信息安全的特殊技术。首先应做好信息安全教育，使人们认清信息安全的重要性，了解信息安全的主要内容，增强信息安全的意识。其次，要建立安全管理体系，实行人员分等级管理，落实工作机制和责任制，明确运行安全管理（机房管理、场地管理、操作管理、口令管理、密钥审计、特殊程序管理、启动程序管理、重要数据管理等）以及安全技术管理（网络设备管理、备份管理、应急管理、常用工具管理、备件管理等）等规章制度。

（二）物理安全

物理安全是指保护实验室的各类设施，特别是信息设备，如计算机、网络等，免遭地震、水灾、火灾、有害气体、电磁污染和其他环境事故破坏的措施、过程。物理安全包括环境安全、设备安全和媒介安全三个方面。

（三）运行安全

运行安全是指提供一套安全措施来保护信息处理过程的安全，其目的是保障系统功能的安全实现。运行安全的范围很广泛，包括访问控制、加密、鉴别，病毒防护、操作系统安全、数据库安全、网络安全，备份与恢复、应急、风险分析、审计跟踪等各个方面。

第二节　实验室信息安全的教育与管理体系

信息安全教育和信息安全管理是管理安全的两个组成部分。

一、信息安全教育

（一）要增强信息安全的意识

实验室采集、保存、传输、使用的信息是教师、学生和科研人员劳动的结晶，内容涉及实验技术参数、观测数据、实验分析结果等，具有很高的知识价值，往往记录着新的知识或新的科学发现。做好实验室信息安全，对于保护师生的劳动成果和知识产权是非常重要的。

（二）要明确信息安全的责任

由于故意或工作失误造成信息安全事故，如信息丢失、信息泄露、信息破坏等，要承担损失赔偿、行政处罚乃至法律责任。要了解信息安全的相关立法，例如，《中华人民共和国保守国家秘密法》《中华人民共和国国家安全法》《中华人民共和国计算机信息系统安全保护条例》《中华人民共和国计算机信息网络国际网联管理暂行规定》《中华人民共和国公安部计算机病毒防治管理办法》等，2015 年 8 月 29 日，第十二届全国人民代表大会常务委员会十六次会议表决通过的"刑法修正案（九）"中也加入相应的信息安全条款。

（三）要了解信息安全的目的

信息安全的目的是通过管理制度和技术手段，阻止非法用户接触信息载体（纸质档案、个人电脑、服务器、数据库、备份文件与介质、网络等）、访问信息系统、获取敏感信息，以减少信息遭受破坏的可能性；快速检测非法行为；迅速测定入侵位置；审计跟踪，有效记录破坏者的行为，以便抓获；最大限度减少损失并促进系统恢复。

二、信息安全管理体系

(一)信息安全管理原则

信息安全的威胁首先来自于人，特别是内部人员，必须加强人员管理，并落实信息安全管理原则。

(1)多人负责原则：即至少应有两人以上负责安全管理。

(2)任期有限原则：即不定期循环任职。

(3)职责分离原则：即编程与操作、信息传送与接收、操作介质与介质保密、系统管理与安全管理、应用程序编制与系统程序编制、访问证件管理与其他工作等实施分离管理。

(4)人事审查原则：对接触敏感数据的人员必须进行背景调查，访问的数据越敏感，调查就应越细致。

(二)信息安全管理制度

(1)等级管理制度：对信息、人员、系统、单机和环境划分等级并加以保护。

(2)有害数据防治管理制度：对病毒和入侵等行为采取有效措施，以防止其入侵和传播。

(3)安全管理制度：包括工作机制、各类人员责任制、人员安全管理、运行安全管理(机房管理、场地管理、操作管理、口令管理、密钥管理、审计管理、特殊程序管理、启动程序管理、重要数据管理等)、安全技术管理(网络设备管理、备份管理、应急管理、常用工具管理等)等规章制度。

(4)风险评估制度：要在系统设计前、运行期、运行后，经常进行风险评估，分析系统固有的脆弱性，发现安全漏洞，及时采取补救措施。

(三)信息安全管理策略

安全策略是指在一个特定的环境中，提供一定级别的安全保护所必须遵循的规则，主要有系统管理策略、资源需求分配策略、使用策略、用户管理策略、灾难恢复计划。

1. 系统管理策略

系统管理策略制定升级、监控、备份、审计等工作的指导方针和预期目标。系统管理人员和维护人员依据这些策略安排具体工作。这些策略应明确规定间隔多长时间、什么时候升级、监控、审查日志等。该策略必须足够详细，同时也要有一定的灵活性，能应付一些紧急事件和无法预料的情况。

2. 资源需求分配策略

资源需求分配策略用于确定授权方式和允许访问的资源，包括授权哪些用户，在何时、以何种方式登录和访问哪些资源，如系统程序、应用程序、数据等。

3. 使用策略

使用策略定义了信息和资源的使用方式，向用户解释如何使用系统资源，包括有关隐私、所有权、不适当行为的后果等各方面的规定。比如，用户口令的设置规则、更新口令的时间规定、备份制作的方式等。

4. 用户管理策略

用户管理策略用于确定新的用户如何安全地加入系统，用户离开后如何更新系统，以及用户的培训等问题。如果用户被调到一个新的岗位，应该及时更新其访问权限和访问级别。否则，就会产生所谓的"权限蔓延"。对于离岗的人员应立即关闭其账户，禁止其访问权限。实际工作中，系统管理员很多时候根本不知道人事变动，这对于信息安全是非常危险的。

5. 灾难恢复计划

灾难恢复计划是指在紧急事件或安全事故发生时，保障信息设施继续运行或紧急恢复的措施。优秀的灾难恢复计划需要考虑到各种类型的紧急情况和故障，包括紧急事件或安全事故发生时的影响分析，应急计划的概要设计或详细制订，应急计划的测试与完善。

第三节 信息设备的物理安全保障

保障物理安全是指保护实验室的各类设施，特别是信息设备，如计算机、网络，免遭地震、水灾、火灾、有害气体、电磁污染和其他环境事故破坏的措施、过程。物理安全包括环境安全、设备安全和媒介安全三个方面。

一、环境安全

环境安全是指对各类信息设备所在环境的安全保护。

(一)场地安全

要求场地设置尽量远离有有害气源及存放腐蚀、易燃、易爆物品的地方；尽量远离强振动源和强噪声源；尽量避开强电磁场的干扰。《电子计算机场地通用规范》(GB2887—2000)对场地安全性有明确的规定。

(二)机房安全

机房要求设有防火、防水、防静电、防雷击、防电磁波干扰的物理措施，以及火灾报警及消防设备、安全的供配电系统、空调系统等。《计算站场地安全技术》(GB9361—88)对机房安全性有明确的规定。

二、设备安全

设备安全是指对各类信息设备的安全保护，包括设备的防盗、防毁，电源保护，防止电磁泄漏(屏蔽)、防线路截获和抗电磁干扰等。其中，信息设备防盗是最重要的物理安全性问题，具体保护要点如下所述。

(1)场地安全，即放置设备的场地必须保证安全。不仅要防盗，而且要防止故意破坏、未授权访问和媒介质移动。

(2)机箱加锁不仅可以防止内部部件被盗，也可以保护基于 BIOS 的安全服务。

(3)建立记录文档。必须详细登记所有的硬件和软件信息，包括序列号、购买日期以及发票等，这些记录在证实损失或申领找回的被盗设备时非常有用。

(4)访问控制和加密。如果计算机被盗，别人难以访问系统中的数据。

三、媒介安全

(一)保障媒介安全的措施

媒介安全是指对信息存储介质的安全管理。保证存储在介质中的信息的完整性和有效性。

现在大部分常用数据都存储在硬盘上。虽然硬盘的安全性在不断提高，但仍易于损坏、老化，出现故障。此外，误删重要文件或记录、蓄意删除数据、病毒侵入等也会破坏文件。

保障信息的完整性和有效性的最好、最常用也是唯一的方法是备份，用于在发生机械故障、泛洪攻击、恶意软件攻击、自然灾害和设备被盗等事件后进行恢复。

(二)备份与恢复的种类与方法

1. 备份与恢复的物理空间

(1)场点内高速度、大容量自动的数据存储、备份和恢复。

(2)场点外的数据存储、备份和恢复，如通过专门安全记录存储设施对主要数据进行备份。

(3)设备信息的备份。

2. 数据备份方法

(1)镜像备份或整盘备份，即对硬盘上的所有文件进行整体备份。这种备份是逐磁道读遍整个硬盘内容。

(2)逐文件备份，即由用户选择要备份的目录或文件，然后由系统依次备份每个文件。

(3)增量备份或差异备份，即只对上次备份之后又新添加的文件和更改的文件进行备份。

(三)数据备份的管理

数据备份必须定期进行，得到的后备副本要妥善保管。数据的备份取决于三个因素：一是系统中信息变化的频率；二是备份需要花费的工作量；三是文件的重要性。然后，要确定每次备份的方法，如每月一次全盘备份、每月一次数据文件备份、每天一次增量备份。

管理制度还应明确规定备份副本的保管责任和存放地点。原则上，备份副本应存放在不同的物理地点。如规定每次备份做2个拷贝，其中1个拷贝存在本地，另1个拷贝异地存放，异地存储非常有必要，当发生火灾或其他自然灾害时，就可以进行异地恢复。现在有许多公司专门提供介质的异地存储服务。此外，也可以进行远程备份，即通过电话或网络自动将数据备份到远程地点。

第四节　保障实验室数据库安全的技术手段

实验室往往以数据库的形式，对大量信息进行集中存储和处理。实验室数据库的运行安全是实验室信息安全管理的一项重要工作。

数据库安全是指保护数据库，防止由于硬件的故障、软件的错误、操作的失误、不合法的使用而造成数据泄露、更改和破坏。一般采用多种安全机制与操作系统相结合的安全保护措施保障数据库安全，包括故障恢复手段、安全控制手段。

一、故障恢复手段

数据库可能会由于软硬件故障、停电、磁盘等存储介质损坏等原因而遭到破坏。故障恢复最基本的手段是建立数据库的后备副本、数据冗余。具体方法有镜像、转储和日志。

（一）建立数据库镜像

用户通过设置数据库管理系统软件的相关功能选项，建立数据库镜像。当出现介质故障时，系统自动切换到镜像磁盘运作并自动进行数据库的恢复。

（二）数据转储和登记日志

数据转储是指南用户定期将整个数据库复制到另一个磁盘上保存起来的过程。

数据转储可以以静态或动态两种方式完成，也可以使用海量转储或增量转储。在两次转储间隔期，由系统自动登记日志来记录数据库的更新操作。

二、安全控制手段

数据库管理系统软件可提供用户标识与鉴别、访问控制、审计、数据加密等安全控制手段。

（一）用户标识与鉴别

这是系统提供的最外层的安全保护措施。系统设置一定方式让用户标识自己的名字或身份。只有通过鉴别，用户才能进入数据库并使用数据。

鉴别包括身份鉴别和信息鉴别。身份鉴别是对用户真实身份的鉴别，信息鉴别是对提供的信息的正确性、完整性和不可否认性的鉴别。具体手段包括用户名加口令、密码卡、声音、图像、指纹识别等。

（二）访问控制

访问控制是保证用户对系统资源以及敏感信息的访问方式符合安全策略，包括出入控制和存取控制。存取控制就是赋予不同用户以不同的操作权限，当用户存取数据库的数据时，对其权限进行检查，以防止不经授权的使用。

（1）定义用户权限：将用户权限登记到数据字典中。

（2）合法权限检查：每当用户发出存取数据库的操作请求后，查找数据字典并根据安全性规则进行合法权限检查。若用户的操作请求超出了定义的权限，系统将拒绝执行此操作。

（三）审计

审计包括三方面：

（1）记录和跟踪各种系统状态的变化，如提供对系统故意入侵行为的记录和对系统安全功能违反的记录。

（2）实现对各种数据安全的监管，如监控和捕捉各种安全事件。

（3）保存、维护和管理审计日志。

（四）数据加密

数据加密是防止数据库数据在存储和传输中泄密的有效手段。大多数数据库管理系统软件提供数据加密和密钥管理功能。数据加密包括对文字、语音、图形图像等的加密；密钥管理包括对密钥的分发、更新、回收、归档、恢复、审计等功能的管理。

第五节　保障实验室计算机网络安全的技术手段

实验室计算机网络安全是指对接入计算机网络的实验仪器设备、信息设备采取保护措施，以便使用者安全地访问网络资源，使用网络服务，使计算机网络免受病毒、黑客等的攻击。主要技术手段有防病毒技术、防火墙技术、加密解密技术、入侵检测技术、网络监听技术等。

一、防病毒技术

（一）病毒及其特征

计算机病毒不是天然存在的，是某些人利用计算机软件、硬件固有的脆弱性编制的具有破坏功能的程序。目前，计算机病毒有几万种，各有其不同特征，但也有明显的共性。

（1）寄生性。它不以独立文件形式存在，寄生在合法程序之中。

（2）隐蔽性。发作前，它能够将自身很好地隐蔽起来。

（3）传染性。它能够主动地将其复制品或变种传染到其他程序中去。

（4）潜伏性。侵入后一般不立刻活动，要等到外部条件成熟之后才会行动。

(5)破坏性。它会占用资源、干扰机器正常运行或破坏系统和数据。

(6)规模性。往往通过网络和邮件传播，如"求职信"病毒。

(7)速度快。"爱虫"病毒在2天内造成欧美各国网络瘫痪。

(8)变种多。"爱虫"病毒在十几天之内出现30多个变种。

(9)具有蠕虫和黑客的功能。

(二)清除病毒的方法

(1)杀毒软件清除法：这是非专业用户普遍采用的杀毒方法，常用工具有：诺顿杀毒软件、360杀毒软件等。杀毒软件是以病毒检测为基础的，通过比对病毒的特征码，可以清除已知病毒，该方法较被动，对病毒变种和未知病毒无能为力。

(2)基于主引导扇区保存信息恢复方法：对于感染主引导型病毒的机器，可以采用事先备份的该硬盘的主引导扇区文件进行恢复。

(3)程序覆盖法：这种方法适合于杀灭文件型病毒，一旦发现文件被感染，可以将事先保留的无毒备份重新拷入系统，覆盖有毒文件即可。

(4)格式化或低级格式化磁盘法：该方法是最彻底的清除病毒的方法，但是建议不要轻易使用，因该法会破坏磁盘上的所有数据，并且低级格式化对硬盘也有损伤。一般在万不得已的情况下，才使会用这一方法。使用该方法时必须保证用来格式化的系统是无病毒的。

(5)手工清除法：本法比较复杂，只能由计算机专业人员操作。例如，外壳型病毒将自身复制在目标文件的尾部，不修改原来正常内容，运行时，病毒抢先进入内存执行，然后转回原文件入口运行。外壳型病毒主要攻击COM文件与EXE文件，通过手工改正程序首部的跳转指令，可以清除外壳病毒。

二、防火墙技术

防火墙是借用了建筑学的术语，指用来防止大火从建筑物的一部分蔓延到另一部分而设置的一道砖墙。为防止来自外部网络的黑客攻击、病毒破坏、资源被盗或文件被篡改等危险，可以在内网和外网间插入"防火墙"系统，阻断外部网络对内部网络的威胁和入侵。防火墙有效地限制了数据在网络内外的自由流动，其优越性在于：

(1)它可以控制不安全的服务，只有授权的协议和服务才能通过防火墙。

(2)它能对站点进行访问控制，防止非法访问。

(3)它可把安全软件集中地放在防火墙系统中，集中实施安全保护。

(4)它强化私有权，防止攻击者截取别人的信息。

(5)它通过日志来记录所有访问，以此作为分析和防范潜在攻击的重要依据，并能对正常的网络使用情况进行统计分析，可以使网络资源得到更好地利用。它也能附加数据加密、解密等功能。

三、加密解密技术

加密是最重要的网络安全技术之一。目的是保证发送者所发送的消息能安全到达接收者手里，并且保证窃听者不能阅读发送的消息。消息被称为明文，用某种方法伪装消息以隐藏消息内容的过程称为加密。加密后的消息称为密文，把密文转变为明文的过程称为解密。

现代加密技术采用基于密钥的算法，包含对称算法和公开密钥（非对称）算法两类。

对称算法指加密密钥和解密密钥能够相互推算出来。大多数对称算法，加密和解密的密钥是相同的。这些算法叫作秘密密钥算法或单密钥算法，要求发送者和接收者在安全通信之前商定一个密钥。加密技术的安全性依赖于密钥，泄露密钥意味着安全措施失效。

公开密钥算法的加密密钥与解密密钥不同，即解密密钥不能根据加密密钥计算出来，最著名的公开密钥算法是 RSA 算法。加密密钥对外公开，叫作公开密钥。解密密钥为特定用户所拥有，不对外公开，叫作私有密钥。陌生者要向特定用户发送信息时，利用该用户的公开密钥加密信息，但只有用该用户的私有密钥才能解密信息。这样就使得信息在传送过程中即使被第三方截获，也无法解读，确保了信息的安全性。

反过来，特定用户可能用自己的私人密钥加密信息，那么别的用户只能使用相应的公开密钥才能解密，从而能确认信息是由该用户发出的，而不是他人伪造的。数字名称及认证技术正是基于这种公开密钥算法而实现的。

四、入侵检测技术

入侵行为是指对系统资源的非授权使用。它可以造成系统数据的丢失和破坏，甚至造成系统拒绝对合法用户服务等后果。入侵行为包括滥用和网络攻击。入侵者可以分为两类：一类是外部入侵者，指非法用户，如常说的黑客；另一类是内部入侵者，即有越权行为的合法用户。

入侵检测技术是从网络的若干关键点收集信息，包括操作系统的审计数据、网络数据包信息，通过分析来监控网络中违反安全策略的行为和遭到袭击的迹象，并实时报警。入侵检测的内容分为：试图闯入或成功闯入；冒充其他用户；违反安全策略；合法用户的泄露、未授权访问；独占资源；恶意使用。

各种入侵检测系统在功能结构上基本一致，均由数据采集、数据分析以及用户界面等几个功能模块组成，只是在分析、采集数据的方法以及采集数据的类型等方面有所不同。常见的入侵检测系统具体如下。

（1）RealSecure：是第一个集成了基于网络和基于主机的入侵检测和响应系统，由网络传感器、操作系统传感器和管理控制台组成。可以自动地监控网络的数据流、主机的日志等，以及检测和响应可疑事件，在内联网和外联网的主机和网络受到破坏之前阻止非法的入侵行为。

（2）NetRanger：是 Cisco 公司的产品。传感器分为网络传感器和主机传感器，分别负责网络信息和主机信息的收集和分析。控制器用于对系统进行控制和管理。入侵检测模块与硬件相关联，比如针对 Cisco 公司的 Catalyst6000 交换机有相应入侵检测模块。

（3）瑞星入侵检测系统 RIDS‑100：集入侵检测、网络监视功能于一身，能实时捕获内外网之间传输的所有数据，利用内置的攻击特征库，通过使用模式匹配和统计分析的方法，检测出网络上发生的入侵行为和异常现象，并记录有关事件作为管理员事后分析的依据。

五、网络监听技术

网络监听技术是一把双刃剑，既是为管理员提供监视网络状态以及数据流动情况的工具，也是为黑客提供截获网上信息的工具。

(一)网络监听的原理

目前流行的以太网是一个广播型的网络，因此在网络上直接安装监听软件就可以实施网络监听。其中，监听网关、路由器和防火墙等设备的效果最好，只要向主机的网络接口发送控制命令，就能将其设置为监听模式。

以太网的工作方式是将数据包发往同一网络的所有主机。数据包的包头包含着接收数据包主机的正确地址。在正常工作模式下，只有与数据包的目标物理地址一致的主机才会接收与处理数据包。但在监听模式下，无论数据包的目标物理地址是什么，主机都将接收数据包并交上层协议软件处理。

(二)网络监听的检测

根据网络监听的原理，可以检测出网络中心是否有人在进行监听，从而发现黑客。

(1)对于怀疑有监听存在的机器，分别用正确的和错误的物理地址来执行 ping 命令，如果都得到响应，就证明确实有监听存在。因为被监听的机器，对于数据包不论其目标网络地址是否正确都一律接收，而正常的机器不接收错误的物理地址。

(2)向网络发送大量不存在物理地址的包，正常机器不处理错误地址的包，对其性能影响很小。而监听机器会全部处理，导致自身负荷过重，性能下降。通过比较机器性能的变化可以判断是否有机器在监听。

(三)防范监听的方法

1. 加密

加密是防范监听最有效的方法，如设置用户名和口令，以保证秘密数据安全传输而不被监听和偷换，保密通信协议，如 Telnet 协议和安全外壳协议(SSH)能有效地处理监听。

2. 安全网络拓扑结构

建立安全网络拓扑结构可以减少被监听的机会，所用技术通常被称为分段技术，也就是将网络分成一些小的网段。将网段的集线器连接到交换机上，也可以使用网桥或路由器对交换机进行连接。这样，数据包只会在一个网段内被监听工具截获。不同网段间不能相互监听。

第八章 特种设备安全技术

实验室的特种设备主要有压力容器和起重设备两大类。本章主要介绍压力容器的分类及使用规范，实验室常用压力容器即高压容器和气体钢瓶的安全使用与管理，其他特种设备的安全使用与管理等。

第一节 压力容器的分类及使用规范

压力容器一般指用于有一定压力的流体的储存、运输或者是传热、传质、反应的密闭容器。

一、压力容器的分类

压力容器的分类方法很多，主要有以下几种。

(1)按制造分类：可分为焊接容器、锻造容器、铆接容器、铸造容器和组合容器五种。

(2)按材料分类：可分为钢制容器、有色金属容器和非金属容器三种。

(3)按壁厚分类：可分薄壁容器和厚壁容器两种。容器外径与内径之比小于或等于1.2者为薄壁容器；大于1.2者为厚壁容器。

(4)按设计压力(P)分类：低压容器，$0.1 \leqslant P < 1.57\text{MPa}(1 \leqslant P < 16\text{kgf/cm}^2)$；中压容器，$1.57 \leqslant P < 9.81\text{MPa}(16 \leqslant P < 100\text{kgf/cm}^2)$；高压容器，$9.81 \leqslant P < 98.1\text{MPa}(100 \leqslant P < 1000\text{kgf/cm}^2)$；超高压容器，$P \geqslant 98.1\text{MPa}(P \geqslant 1000\text{kgf/cm}^2)$。

(5)按设计温度分类：可分为高温容器，$t \geqslant 450℃$；常温容器，$-20℃ < t < 450℃$；低温容器，$t \leqslant 20℃$。

(6)按形状分类：有球形容器、圆筒形容器、圆锥形容器。

(7)按承压方式分类：有内压容器和外压容器。

(8)按使用中工艺过程的作用原理分类：可分为反应容器、换热容器、分离容器和储存容器4种。

(9)按使用方式分类：有固定式容器和移动式容器。

二、压力容器的安全使用与管理

正确合理地使用压力容器，是提高压力容器安全可靠性，保证压力容器安全运行的重要条件。为了实现压力容器管理工作的制度化、规范化，有效防止或减少事故的发生，国务院颁布了《锅炉压力容器安全监察暂行条例》，原劳动部颁发了《压力容器安全技术监察规程》《在用压力容器检验规程》等一系列法规，对压力容器安全使用管理提出了明确的要求。

(一)容器使用登记的规定

使用压力容器的个人应按规定办理压力容器使用登记手续。未办理登记的不得擅自使用。所有压力容器都必须办理特种设备使用登记证，压力容器的使用登记证仅在压力容器定期检验合格期间有效。

有压力容器的实验室必须建立压力容器技术档案及使用登记本，每年应将压力容器数量和使用情况进行统计。

(二)使用人员培训和容器维护

使用压力容器的实验室技术负责人必须对压力容器的安全技术管理负责，并根据设备的数量和对安全性能的要求，负责组织对使用压力容器的学生进行培训。

压力容器使用单位应做好压力容器运行、维修和安全附件校验情况的检查，做好压力容器检验、维修改造和报废等技术审查工作。压力容器的重大修理、改造方案应报上级安全监察机构审查批准。

(三)压力容器管理责任制

使用压力容器的实验室除由主要技术负责人对压力容器的安全技术管理负责外，还应根据实验室所使用容器的具体情况，设专职或兼职人员，负责压力容器的安全技术管理工作。压力容器的专职管理人员应在技术总负责人的领导下认真履行下列职责：

(1)贯彻执行国家有关压力容器的管理规范和安全技术规定。

(2)参加新进压力容器的验收和试运行工作。

(3)编制压力容器的安全管理制度和安全操作规程。

(4)负责压力容器的登记、建档及技术资料的管理和统计上报工作。

(5)监督检查压力容器的操作、维修和检验情况。

(6)负责组织对压力容器操作人员进行安全技术培训和技术考核及仪器使用证的发放工作。

(四)压力容器操作责任制

每台压力容器都应设有专职的操作人员。压力容器专职操作人员应具有保证压力容器安全运行所必需的知识和技能，并通过技术考试达到合格。压力容器操作人员应履行以下职责：

(1)按照安全操作规程的规定，正确操作使用压力容器。

(2)认真填写操作记录。

（3）做好压力容器的维护保养工作，使压力容器经常保持良好的工作状态。

（4）经常对压力容器的运行情况进行检查，发现运行不正常时及时向上级报告。

（5）对任何不利于压力容器安全运行的违章指挥应拒绝执行。

（6）努力学习业务知识，不断提高操作技能。

（五）压力容器安全操作规程

为了保证压力容器的正确使用，防止因盲目操作而发生事故，教师在指导学生使用压力容器时，要先按实验要求和压力容器的技术性能制定压力容器的安全操作规程。安全操作规程至少应包括以下的内容：

（1）压力容器的操作工艺控制指标，包括最高工作压力、最高或最低工作温度、压力及温度波动幅度的控制值等。

（2）压力容器的岗位操作要求，如开、停机的操作程序和注意事项。

（3）压力容器运行中日常检查要求。

（4）对压力容器运行中可能出现的异常现象的判断和处理方法以及防范措施。

（5）压力容器的防腐措施和停用时的维护保养方法。

（六）使用注意事项

使用压力容器过程中的注意事项如下所述。

（1）压力容器须平稳操作。压力容器开始加压时，速度不宜过快，要防止压力的突然上升。高温容器或工作温度低于 0℃ 的容器，加热或冷却都应缓慢进行，尽量避免操作中压力的频繁和大幅度波动以及容器温度的突然变化。

（2）压力容器严禁在超温、超压下运行。工作中液化瓶严禁超量装载，并防止意外受热。应随时检查安全附件的运行情况，保证其灵敏可靠。

（3）严禁带压拆卸，压紧螺栓。

（4）坚持压力容器运行期间的巡回检查制度，及时发现操作中的异常，并采取相应的措施进行调整。检查内容应包括工艺条件、设备状况及安全装置等方面。

（5）正确处理紧急情况。

第二节　高压容器和气体钢瓶的安全使用与管理

实验室常用压力容器有高压容器和气体钢瓶两类。

一、高压容器的安全使用与管理

高压容器是指容器内承受的压力大于 $100kgf/cm^2$ 及以上的设备，如化工合成塔、氨塔、甲醇裂解产气机、熔样器、化工反应器、反应釜等。高压容器使用的潜在危险主要是容器发生爆炸，其原因有：器皿内的压力和大气压力差逐渐加大，反应时反应区内压力急剧升高或降低等。

高压容器的安全使用与管理，应注意以下几个方面：

（1）所有高压容器都应该有严格的操作规程，在醒目的位置张贴警示语。

（2）在工作地点使用预防爆炸或减少其危害后果的仪器设备或装备，如使用具有坚固器罐的仪器，增添必要的压力调节器或安全阀，用金属或其他坚固的材料（如有机玻璃或塑料）所制的安全罩、防护板、金属网等。

（3）要清楚掌握每一种物质的物理和化学性质、反应混合物的成分、所使用物质的纯度、仪器结构、器皿材料的特性、工作时的温度和压力等条件以及能够激发爆炸的刺激物（如火花、热体等），远离工作地点。

（4）要掌握改变气相反应速度的最普通的影响因素，如光、压力、器皿中活性物质材料及杂质等。

（5）在分体组装型仪器的连接过程中，可能因摩擦等物理因素形成爆炸混合物，须在连接导管内装上保险器或安全阀。

（6）学生若要使用高压容器，必须经过严格的培训，并且使用时必须有指导老师在场，指导老师有责任把可能发生的危险和应急措施清楚地告诉学生，否则学生可拒绝实验，发生问题可追究老师的责任。

二、气体钢瓶的安全使用与管理

实验室的气体钢瓶主要指各种压缩气体钢瓶，如氧气瓶、氢气瓶、氮气瓶、液化气瓶等。气体钢瓶的危险性主要表现为气体泄漏造成人员中毒或爆炸、火灾等使实验室房屋、仪器设备损坏或造成人员伤亡。

（一）气体钢瓶搬运、存放与充装的注意事项

（1）在搬动存放气体钢瓶时，应装上防震垫圈，旋紧安全帽，以保护开关阀，防止其意外转动和减少碰撞。搬运充装有气体的气瓶时，最好用特制的担架或小推车，可以水平抬起或垂直转动，但绝不允许用手直接握着气瓶开关阀进行移动。

（2）钢瓶应存放在阴凉、干燥、远离热源（如阳光、暖气、炉火）处，避免曝晒和强烈振动。存放高压气体的容器最好放在室外，并防止太阳直射。可燃性气体钢瓶必须与氧气钢瓶分开存放。气体互相接触后可引起燃烧、爆炸的气瓶（如氢气瓶和氧气瓶），不能同存一处，也不能与其他易燃易爆物品混合存放。钢瓶直立放置时要固定稳妥；一般实验室内存放气瓶量不得超过两瓶。

（3）绝不能使油或其他易燃性有机物沾在气瓶上（特别是气门嘴和减压阀），也不得用棉、麻等物堵漏气瓶，以防燃烧引起事故。

（4）乙炔管道禁用紫铜材料制作，否则会形成乙炔铜，乙炔铜是一种引爆剂。

（5）开、关减压器和开关阀时，动作必须缓慢，使用时应先旋动开关阀，后开减压器，用完应先关闭开关阀，放尽余气后，再关减压器。切不可只关减压器，不关开关阀。开瓶时阀门不要充分打开，乙炔瓶旋开不应超过1.5转，要防止丙酮流出。

（6）使用高压气瓶时，操作人员应站在与气瓶接口处垂直的位置上。操作时严禁敲打撞击，并时常检查有无漏气，应注意压力表读数。

(7)为了避免各种气瓶混淆而误用气体,通常在气瓶外面涂以特定的颜色以便区别,并在瓶上写明瓶内气体的名称。

(8)各种气瓶必须定期进行技术检查。充装一般气体的气瓶三年检验一次;如在使用中发现有严重腐蚀或严重损伤的,应提前进行检验。气瓶瓶体有缺陷、安全附件不全或已损坏,不能保证安全使用的,切不可再送去充装气体,应送交有关单位检查合格后方可使用。

(二)气体钢瓶使用原则

1. 气体钢瓶储存条件

储存气体钢瓶的仓库必须有良好的通风、散热和防潮的条件,电气设备(电灯、电路)必须有防爆设施。

2. 气体钢瓶保管原则

气体钢瓶必须严格分类分处保管,不同品种的气体不得储存在一起(如氧气和氢气不能放置在同一房间内);直立放置时要固定稳妥;气瓶要远离热源,避免暴晒和强烈振动;一般实验室内存放的气瓶量不得超过 2 瓶,同时还应注意:

(1)在钢瓶肩部,用钢印打出以下标记:制造厂、制造日期、气瓶型号、工作压力、气压试验压力、气压、试验日期及下次送验日期、气体容积、气瓶重量。

(2)为了避免各种钢瓶在使用时发生混淆,储存时气瓶应该用不同的颜色来标记(表 8-1),如氢气瓶用深绿色,氧气瓶用天蓝色,氮气瓶用黑色,氨气瓶用黄色等。特殊气体的气瓶可以用文字来标识以示区别。已确定的气瓶只能装同一品种甚至同一浓度的气体。混装气体会产生严重后果(或发生大爆炸,或损毁仪器设备,使检测样品数据不准)。

表 8-1　各种气体钢瓶标志

气体类别	瓶身颜色	字样	标字颜色	腰带颜色
氮气	黑	氮	黄	棕
氧气	天蓝	氧	黑	—
氢气	深绿	氢	红	红
压缩空气	黑	压缩空气	白	—
氨	黄	氨	黑	—
二氧化碳	黑	二氧化碳	黄	黄
氦气	棕	氦	白	—
氯气	草绿	氯	白	—
石油气体	灰	石油气体	红	—

3. 气体钢瓶使用注意事项

(1)气体钢瓶上选用的减压器要分类专用。安装时阀门要旋紧防止泄漏;开、关减压器和开关阀时,动作必须缓慢;使用时应先旋动开关阀,后开减压器;使用完毕后,先关闭开关阀放尽余气后，再关减压器。切不可只关减压器，不关开关阀。

（2）使用气体钢瓶时，操作人员应站在与气瓶接口处垂直的位置上。操作时严禁敲打撞击气体钢瓶并应经常检查有无漏气，注意压力表读数。

（3）操作使用氧气瓶或氢气瓶等，应配备专用工具，并严禁与油类接触。操作人员不能穿戴沾有各种油脂或易感应产生静电的服装、手套进行操作以免引起燃烧或爆炸。

（4）可燃性气体和助燃气体气瓶，与明火的距离应大于10m（距离不足时，可采取隔离等措施）。

（5）用后的气瓶，应按规定留0.05MPa以上的残余压力，可燃性气体应剩余0.2～0.3MPa。其中氢气应保留2MPa，以防止重新充气时发生危险，不可将气体用完用尽。

（6）各种气瓶必须由质量检验单位定期进行技术检查，严禁使用安全阀超期的气瓶。充装一般气体的气瓶一年检验一次，如在使用中发现气瓶有严重腐蚀或严重损伤的，应提前进行检验。

（7）实验室必须用专用储存柜储存气体钢瓶。储存柜及室内要有良好的通风、散热、防潮条件，且不能在相同地点存放不同种类的气瓶，尤其是会产生爆炸的气瓶。

（8）学生使用气体钢瓶必须经过严格的上岗培训，且必须有指导教师在场指导，操作时必须严格按照操作规程进行。指导教师有责任把可能发生的危险和应急措施清楚地告诉学生。严禁学生随意摸触气体钢瓶的"气源阀门"。由于不听劝阻，不遵守操作规程，未经上岗培训，擅自接通气源而发生危险的，由学生本人负全责。

（三）几种特殊气体的使用原则

1. 乙炔

乙炔是极易燃烧、容易爆炸的气体。电石制的乙炔因混有硫化氢、磷化氢或砷氢而带有特殊的臭味。其熔点为84℃，沸点80.8℃，闪点为17.78℃，自燃点为305℃，在空气中的爆炸极限（体积分数）为2.3%～72.3%。在液态、固态或气态和一定压力下有爆炸的危险，另外受热、震动、电火花等因素也可以引发爆炸。含有7%～13%乙炔的乙炔-空气混合气，或含有30%乙炔的乙炔-氧气混合气最易发生爆炸。乙炔与氯、次氯酸盐等强氧化性化合物混合也会发生燃烧和爆炸。

乙炔使用时的注意事项如下所述。

（1）乙炔气瓶在使用、运输、贮存时，环境温度不得超过40℃。

（2）乙炔气瓶的漆色必须保持完好，不得任意涂改。

（3）乙炔气瓶在使用时必须装设专用减压器、回火防止器，工作前必须检查其是否正常，开启时，操作者应站在阀门的侧后方，动作要轻缓。

（4）使用压力不超过0.05MPa。

（5）使用时要注意固定，防止倾倒，严禁卧倒使用，对已卧倒的乙炔瓶，禁止直接开气使用，使用前必须先直立并固定钢瓶且静止15分钟后，再接减压器使用，否则较危险。禁止行敲击、碰撞气瓶等粗暴行为。

（6）存放乙炔气瓶的地方，要求通风良好。使用时应装上回闪阻止器，还要注意防止气体回缩。如发现乙炔气瓶有发热现象，应立即关闭气阀，并用水冷却瓶体，同时最好将气瓶移至远离人员的安全处加以妥善处理。乙炔燃烧时，绝对禁止用四氯化碳灭火器灭火。

乙炔泄漏应急处理：迅速撤离，将泄漏污染区人员转移至上风处，并进行隔离，严格限制人员出入，切断火源。建议应急处理人员佩戴自给正压式呼吸器，穿防静电工作服。尽可能切断泄漏源。合理通风，加速气体扩散。如有可能，将漏出气用排风机送至空旷地带或装设适当喷头使之燃尽。漏气容器要妥善处理，经修复、检验后再用。

2. 氢气

氢气密度小，易泄漏，扩散速度很快，易和其他气体混合。氢气与空气混合的爆炸极限：空气中氢气含量为 18.3%～59.0%（体积比）时，极易引起自燃自爆，燃烧速度约为 167.7m/s。

氢气使用时的注意事项如下所述。

(1)室内必须通风良好，保证空气中氢气最高含量不超过体积比的 1%。室内换气次数每小时不得少于 3 次，局部通风每小时换气次数不得少于 7 次。

(2)与明火或普通电气设备间距不应小于 10m，工具要用无火花工具，能够防止静电积累并有良好静电导除措施，着装要以不产生静电为原则。现场应配备足够的消防器材。

(3)氢气瓶与盛有易燃、易爆物质及氧化性气体的容器间距不应小于 8m，最好放置在室外专用的小屋内，旋紧气瓶开关阀，以确保安全。

(4)禁止敲击、碰撞气瓶，且不得靠近热源。

(5)必须使用专用的氢气减压阀，开启气瓶时，操作者应站在阀口的侧后方，动作要轻缓。

(6)阀门或减压阀泄漏时，不得继续使用；阀门损坏时，严禁在瓶内有压力的情况下更换阀门。

(7)瓶内气体严禁用尽，应保留 2MPa 以上的余压。

3. 氧气

氧气是强烈的助燃气体，高温下，纯氧十分活泼，温度不变而压力增加时，可以和油类发生剧烈的化学反应，并引起发热自燃，进而产生强烈爆炸。氧气瓶一定要防止与油类接触，并应避免让其他可燃性气体混入氧气瓶；禁止用（或误用）盛装其他可燃性气体的气瓶来充灌氧气。氧气瓶禁止放于阳光下暴晒。

4. 氧化亚氮（笑气）

氧化亚氮具有麻醉兴奋作用，受热时可分解为氧和氮的混合物，如遇可燃性气体即可与此混合物中的氧反应并燃烧。

（四）气体检漏方法

1. 感官法

感官法即采取耳听鼻嗅的方法进行检漏。如听到钢瓶有"嘶嘶"的声音或者嗅到有强烈刺激性臭味或异味，即可定为漏气。这种方法很简便，但有局限性，不适宜于检漏剧毒性气体和某些易燃气体。

2. 涂抹法

把肥皂水抹在气瓶检漏处，若有气泡产生，则能判定为漏气。此法使用较普遍、准确，但注意氧气瓶的检漏严禁使用该法，以防肥皂水中的油脂与氧接触发生剧烈的氧化反应。

3. 气球膨胀法

将软胶管套在气瓶的出气口上，另一端连接气球，如气球膨胀，则说明有漏气现象。此法最适宜于剧毒气体和易燃气体的检漏。

4. 化学法

该方法的原理是将事先准备好的某些化学药品与检漏点处的气体接触，如发生化学反应，并出现某种外观特征，则断定为漏气。如检查液氨钢瓶，则可用湿润的石蕊试纸接近气瓶漏气点，若试纸由红色变成蓝色，则说明漏气。此法仅用于某些剧毒气体的检漏。

5. 气体报警装置

气瓶集中存放能减少空间、成本，可以在实验室的角落安装一个气体泄漏报警的易燃气体探头，如果气瓶室气体发生泄漏，感应探头会即刻将信号传至中心实验室的液晶显示瓶上，并发出预警的声音，这样就可以随时维修。另外，还可以安装低压报警器，这样能知道气体是否快要用尽、气瓶内压力是否足够，这对实验室实现不间断气体供应是很重要的。

（五）气瓶危险性警示标签

1. 气瓶危险性警示标签的组成

根据《气瓶警示标签》(GB16804—2011)的标准，警示标签由面签和底签两个部分组成。面签：面签上印有图形符号，用来表示瓶装气体的危险特性。当瓶装气体同时具有两种或三种危险特性时应使用两个或三个面签。当使用两个或三个面签时，次要危险特性警示面签应放在主要危险特性警示面签的右边或上边。应注意将主要危险特性面签粘贴在次要危险特性面签的上面。标签应采用在运输、储存及使用条件下耐用的不干胶纸印刷。面签的形状为菱形。

底签：底签上印有瓶装气体的名称及化学分子式等文字，并在其上粘贴面签。面签和底签可整体印刷，也可分别制作，然后贴在气瓶上，底签也可制作成矩形。底签的尺寸应根据面签的数量、大小及底签上文字的多少来确定。底签的颜色为白色，文字和符号的尺寸应使其在面签上容易识别和辨认。面签上的符号为黑色，文字为黑色印刷体；但对于腐蚀性气体，其文字说明"腐蚀性"应以白色字印在面签的黑底上。每个面签上有一条黑色边线，该线画在边缘内侧。底签上文字的大小应易于识别和辨认。

底签上至少应有下列内容：①若为单一气体，应有化学名称及分子式；②若为温和气体，应有导致危险性的主要成分的化学名称及分子式。如果主要成分的化学名称或分子式已被标识在气瓶的其他地方，也可只在底签印通用术语或商品名称；③气瓶及瓶内充装的气体在运输、储存及使用上应遵守的其他说明；④气瓶充装单位的名称、地址、邮政编码、电话号码。

2. 警示标签的应用

(1)标签的粘贴和更换必须由气瓶充装单位进行。每只气瓶第一次充装时即应粘贴标签。如发现标签脱落、撕裂、污损、字迹模糊不清时，充装单位应及时补贴或更换标签。

(2)标签应被牢固地粘贴在气瓶上，且应避免被气瓶上的任何部件或其他标签所遮盖。标签不应被折叠，面签和底签不可分开粘贴。对采用集束方式使用的气瓶及采用木箱运输的小型气瓶，除按上述规定在气瓶上粘贴标签外，还应以类似的方式将标签粘贴在包装箱的外部或将其粘贴在一个有一定强度的板上，然后将该板牢固地拴在箱上。在气瓶的整个使用期内标签应保持完好无损、清晰可见。

(3)标签应优先粘贴在瓶肩处(瓶身和细柱的连接位置)，但不可覆盖任何钢印标志，也可将其粘贴在从瓶底至瓶阀或瓶帽大约 2/3 处。

(4)更换新标签前，应将旧标签完全揭去。

(六)废气的处理

实验室的废气具有量少且多变的特点，对于废气的处理应满足两点要求：①要控制实验环境有害气体不得超过现行规定的空气中的有害物质的最高容许的浓度；②要控制排出的气体不得超过居民区大气中有害物质的最高容许浓度。实验室排出的废气量较少时，一般可通过通风装置直接排出室外，但排气口必须高于附近屋顶 3m。少数实验室若要排放毒性大且量较多的气体，可参考工业废气处理办法，在排放废气之前，采用吸收、吸附、回流、燃烧等方法进行处理。

1. 吸收法

吸收法为采用合适的液体作为吸收剂来处理废气，达到除去其中有毒、有害气体目的的方法。吸收法一般分为物理吸收和化学吸收两种方法。比较常见的吸收溶液有水、酸性溶液、碱性溶液、有机溶液和氧化剂溶液。它们可以被用于净化含有 SO_2、Cl_2、NO_x、H_2S、HF、NH_3、HCl、酸雾、各种有机蒸汽以及沥青烟等废气。有些溶液在吸收完废气后还可用于配制某些定性化学试剂的母液。

2. 固体吸附法

吸附是一种常见的废气净化方法，一般适合用于废气中含有的低浓度的污染物质的净化，是利用较大的表面积比、多孔吸附剂的吸附作用，将废气中含有的污染物(吸附质)吸附在吸附剂表面，从而达到分离有害物质、净化气体的目的。根据吸附剂与吸附质之间的作用力不同，可分为物理吸附(通过分子间的范德华力作用)和化学吸附(通过化学键作用)。常见的吸附剂有活性炭、活性氧化铝、硅胶、硅藻土以及分子筛等。吸附常见的有机及无机气体，可以选择将适量活性炭或者新制取的木炭粉，放入有残留废气的容器中；若要选择性吸收 H_2S、SO_2 及蒸汽，可以用硅藻土；分子筛可以选择性吸附 NO_x、CS_2、H_2S 等气体。

3. 回流法

对于易液化的气体，可以通过特定的装置使易挥发的污染物，在通过装置时将空气低温液化，再沿着长玻璃管的内壁回流到特定的反应装置中。如在制取溴苯时，可以在装置上连接一根足够长的玻璃管，使蒸发出来的苯或溴沿着长玻璃管内壁回流到反应装置中。

4. 燃烧法

通过燃烧的方法来去除有毒害气体是一种有效的处理有机气体的方法，尤其适宜于处理量大而浓度比较低的含有苯类、醇类等各种有机物的废气。如对于 CO 尾气的处理以及 H_2S 的处理，一般都会采用此法。

5. 颗粒物的捕集

在废气中去除或捕集那些以固态或液态形式存在的颗粒污染物，这个过程一般称为除尘。除尘的工艺过程是先将含尘气体引入具有一种或几种不同作用力的除尘器中，使颗粒物相对于运载气流产生一定的位移，从而达到使其从气流中分离出来的目的，然后颗粒物沉降到捕集器表面上被捕集。根据颗粒物的分离原理，除尘装置一般可以分为过滤式除尘器、机械式除尘器、湿式除尘器以及静电除尘器。

6. 其他方法

还有其他的一些方法可以净化空气，如臭氧氧化法，可与很多无机及有机污染物发生氧化还原反应，达到降解污染物、净化气体的目的；光催化技术可将气体中的有机物降解；等离子体技术，是利用高能电子射线激发、电离废气中各组分，使其处于活化状态，再通过化学反应将有害物转化为无害物质的一种方法，该法可以处理成分复杂的废气。

第三节　其他特种设备及其安全使用与管理

一、起重设备

(一)起重设备的简介

实验室起重设备可以分为简易型(千斤顶、手拉葫芦、手摇卷扬机、单梁、吊架等)，电动型(电动葫芦、电动桥式起重机、门式起重机、旋臂式起重机等)，还有升降机型(电梯、液压升降台等)。

(二)起重设备的不安全因素

起重设备的不安全因素主要有：超过起重量；连接件未固定牢，或强度不够；设备支架的受力角度不对；设备超期服役、长期失修等。

(三)起重设备的安全使用与管理

起重设备的安全使用与管理主要有以下几个方面：

(1)设备要经常保持良好状况，要有专人负责使用、管理和检修。

(2)使用起重设备要经过专门的培训和考核。取得"上岗证"后方可上机操作。

（3）要严格遵照操作规程使用起重设备，未经管理人员同意不得擅自操作。

（4）起重设备上要有醒目的警示语，告诫使用时的危险性和发生意外时的应急措施。

（5）学生在实验室最好不要接触此类设备，若要使用，最好请实验室人员操作。

二、激光设备

激光放大光源产生的光线在自然界中原本不存在，高强度光等激发物质被输入激光枪后，形成激光发射或者激光输出。虽然输出的是光，但是激光与太阳光或灯泡放出的光有很大的区别。因此，由于激光的特殊性，通常在使用过程中存在一定的危险。激光能够产生人眼可见的单色光，还具有干涉性，即所有光波的相位彼此相同，具有干涉性的光比相同波长和强度的光危险得多。

（一）激光等级的分类

激光系统根据终端用户在工作中用到的波长和输出功率进行分类，这种分类也可以看作是激光系统危险程度的分类。分类标准由发射波长、输出功率和波束特性决定。分类从一级开始，共4类，激光系统的分类等级越高，危险性越大。激光等级通常用罗马数字标注在激光系统上，产品上一般贴有分类标签，标签中除了有文字警示外，还包括波长、总输出功率、激光分类等信息。

1. 一级激光

一级激光属于本身安全型激光，该系列激光在正常使用情况下不会对健康带来危害，产品使用了防止工作人员在工作过程中进入激光辐射区域的设计。

2. 二级激光

二级激光指小功率的可见激光。用户凭借对强光眨眼反射保护自己，但是如果长时间直视会带来危险，使用二级激光系统需要张贴警示标识。

3. 三级激光

使用三级激光系统也要张贴"警示"标识，有时要张贴"危险"标识。如果只是短时间看到，用户凭借人眼对光的排斥反应可起到一定的保护作用。如果直视或者看到二次光束可能造成伤害。通常该激光经无光表面反射后不会造成伤害。尽管它们对人眼存在伤害，但是引起火灾、烧伤皮肤的危险性较小。建议使用该系列激光时佩戴护眼装置。

4. 四级激光

四级激光对皮肤和眼睛都存在伤害。直接反射、二次反射、漫反射均可造成伤害。所有四级激光系统都带有"危险"标志。四级激光还可损坏激光区域内或附近的材料，引燃可燃物质。使用该激光需要佩戴护眼装置。

（二）激光的危害

（1）对人眼的危害。通常一提起激光，人们最关心的是眼睛。激光对人眼的伤害取决于激光波长和输出功率的大小。可见光（400～700nm）和近红外光（700～1400nm）能够透过瞳孔聚焦于视网膜，从而对视网膜、视神经和眼睛的中心部位造成不可逆的伤害。非近红外波长的不可见光会给眼睛的外部造成损伤，紫外光辐射（180～400nm）会伤害角膜和晶体，中红外辐射（1400～3000nm）可能穿透眼睛表面造成白内障，远红外辐射可能损害眼睛外表面或者角膜。

（2）电气伤害。激光产品采用的电压（包括直流电压和交流电压）通常较高，应时刻提防电缆、连接器或设备外壳是否存在危险。

（3）激光系统可能烧伤皮肤，烧伤的程度与激光波长和功率有关。

（4）部分激光的强度足以烧毁衣服、纸张或者引燃溶剂和其他一些易燃物质，使用时必须注意。

（5）高功率的激光器在使用过程中可能存在高温或熔化的金属片，在实际使用过程中要当心高温碎片的产生。

（三）对激光的防护

1. 安全环境

激光的使用环境决定激光的安全防护措施。使用三级和四级激光须严格在具备完善防护措施的室内或室外受控区开展，同时对操作人员资质具有严格要求。例如，三级激光的使用者限制于受过培训的专业人员，使用时要控制光束，使其不要扩散至危害区域之外；提供适当的维护设备，用光束挡板阻挡有潜在危害的激光束，在光束中或接近光束的位置使用漫反射挡光材料。四级激光的工作场所需要更多的防护措施：①有效的硬件设施，用于关断激光或者减少激光的辐射量；②锁闭过载操作的自锁闭机构。

2. 眼部防护

激光对视觉的伤害是激光产品最大的潜在危害。前文提到不同波长的激光会对眼睛的不同部位造成不同程度的伤害。防护不同波段的激光有不同的眼镜。激光波长和适当的光学密度（OD）是选择激光防护眼镜的两个要素。因此，在眼镜上标明光密度和特定的波长信息是十分重要的，这样可以在特定的激光波长和功率水平下选择合适的眼镜。例如，护目镜标签上的 OD4@532nm，表明该镜只可阻挡波长为 532nm 的绿色激光，不可阻挡其他激光波长，如红色激光 690nm。对眼睛的安全防护不能仅仅依赖防护镜，即使佩戴了防护镜也不能直接在光路中进行观察。在使用功率非常高的的激光产品时，唯一的选择就是采用适宜的工具设备来阻止激光直接照射人体。

3. 保护皮肤

暴露于 250～380nm 波长的激光中，人的皮肤会发生灼伤、加速老化，且易患皮肤癌等，尤其是 280～315nm 紫外到蓝光波段的激光对皮肤的伤害最严重。暴露于 280～400nm 波段的激光中，皮肤色素会加速沉积，暴露于 310～600nm 波段的激光会使皮肤发生光敏反应，暴露于 700～1000nm 波段的激光会使皮肤灼伤或者角化。较好的保护皮肤的措施包括穿由防燃材料制成的长袖工作服，激光受控区域的安装设施由防燃材料制成，并且表面涂覆黑色或者蓝色硅材料的幕帘和隔光板以吸收紫外辐射并阻挡红外线。

4. 激光安全的管理要求

(1)对功率大的激光器应建立互锁装置等安全设施，并定期安检。

(2)激光器控制台应张贴警示标志，并且能够清楚地看到。

(3)使用者必须经过相关培训，无关人员禁止入内，严格按照操作程序进行试验，操作期间，必须有人看管。

(4)必须在光线充足的情况下进行实验，并采取必要的防护措施，切勿直视激光光束或折射光，避免身体直接暴露在激光光束中。

(5)使用者上岗前，必须接受眼部检查，并定期复查(1 次/年)。

(6)注意防止激光对他人的伤害。

第九章 实验室其他安全防护

实验室安全还可能涉及实验室生物、粉尘和噪声等问题。本章将着重介绍粉尘及噪声的危害与安全防护措施，以及实验室用水安全。

第一节 粉尘危害与防护

实验室粉尘是指在从事某些实验时形成的、并能较长时间悬浮在空气中的固体微粒和细小纤维。从事实验的人员长期吸入这种粉尘和纤维可引起呼吸系统疾病，如尘肺、粉尘性支气管炎、肺炎、鼻炎等。

一、粉尘的危害

粉尘对人体的危害程度取决于其化学成分、浓度、粉尘量、粉尘的物理化学性质以及尘源周围的情况。

粉尘中游离的化学成分含量越高，对人体危害越大。同一种粉尘，浓度越高，对人体危害越严重。另外，粉尘对人体的危害还与其被粉碎的程度即分散度有关，粒径越小，颗粒越多，分散度越高，在空气中浮游的时间越长，被人体吸入的机会就越多，其危害也就越大。

一个成年人每天大约需要吸入 $19m^3$ 的空气，以获得所需的氧气。当吸入粉尘达到一定数量时，就能引起肺组织纤维化病变，使肺部组织逐渐硬化，失去正常的呼吸功能，发生尘肺病。

粉尘(包括细小的纤维)不仅会对人体造成伤害，还会引发燃烧和爆炸事故。在实验过程中免不了要对某些固体物质进行粉碎、研磨、筛分等操作。因此，实验过程中所产生的粉尘和纤维会悬浮在空气中。

发生粉尘爆炸的首要条件是粉尘本身具有可燃性，如煤尘、铝粉、面粉、毛麻纤维等，它们极易与空气中的氧气发生氧化反应。其次，粉尘和细小纤维处于悬浮状，其表面与空气中的氧气充分接触，受热后其温度很快上升，氧化速度增快。氧化本身就是一种放热反应，粉尘中可产生更多的热量，以至迅速达到失控状态。另外，引起粉尘爆炸的点燃能量可以是非常小的，比如火花、电弧和静电放电等。当这些粉尘和纤维在空间达到一定的浓度，并和一个可燃源同时存在时就会在瞬间引起强烈和巨大的爆炸和燃烧（堆积粉尘不会发生爆炸）。

二、粉尘的控制和防护

（1）做好宣传教育，使学生和教师认识到粉尘的危害性，使消除和降低实验室粉尘工作成为大家的自觉行动。

（2）加强技术管理，建立实验室防尘制度。实验中尽可能使用粉尘小的材料，保持实验室内一定的湿度，以增加粉尘的重量，减少粉尘和纤维在空间的悬浮和飞扬。

（3）改进实验设备和实验手段，使用防尘、防爆的电器设备。加强通风，减少粉尘在空间的积累。同时全面实现实验过程密闭化、自动化等。

（4）参加实验的学生和教师严禁穿戴化纤织品的工作服，应穿特制的抗静电纤维工作服等；杜绝明火和静电的产生。

（5）健康检查及环境监测。对接触粉尘的学生和教师要定期进行健康检查，同时对实验环境的粉尘浓度进行定时测定和报警。

第二节　噪声危害与防护

从环境保护的角度来说，凡是干扰人们正常休息、学习和工作的声音统称为噪声。如机器的轰鸣声，各种交通工具的马达声、鸣笛声、人的嘈杂声及各种突发的声响等，均称为噪声。

高校实验室存在的噪声问题虽没有像工矿企业那样严重，但大部分高校实验室没有噪声污染治理设施，有的只是采取了简单的隔离方式，因此不容忽视噪声对实验室师生和环境的影响。

2005 年，教育部和国家环境保护总局联合下发通知，将高校实验室、试验场等纳入环境监督管理范围，严禁高校实验室将噪声等污染物直接向外界排放。噪声污染属于感觉公害，它与人们的主观意愿、生活状态有关。与其他公害不同，噪声达到一定强度时将成为公害和污染。对人体的危害突出表现在对人的听觉器官所造成的损伤。此外，噪声污染对某些接触者的神经系统、心血管系统、生殖系统和消化系统也可产生一定程度的损害。

一、噪声对生理水平的影响

（一）对听觉器官的影响

长期在噪声严重的环境中工作，会产生听觉疲劳。随后听觉敏感性下降，听力功能不能完全恢复，听觉器官会发生器质性病变，以至听力损失成为永久性耳聋。

（二）对神经系统的影响

噪声具有强烈的刺激性，如果长期作用于中枢神经，可使大脑皮层的兴奋与抑制功能失调，引起条件反射混乱，形成噪声病。临床表现为头昏、失眠、嗜睡、易疲劳、易激动、记忆力衰退、注意力不集中并伴有耳鸣和听力衰退。严重时人们表现为全身虚弱、体质下降，且容易并发和促发其他疾病，如精神错乱。噪声对神经系统的影响程度和噪声强度有关。

（三）对心血管系统和消化系统的影响

噪声对交感神经有兴奋作用，可导致人们心动过速、心律不齐、心肌受损、血压波动增大和冠状动脉硬化等。长期在 80dB 左右的噪声中生活、工作，人们的消化功能可能受影响，胃的收缩能力减弱，胃酸减少，食欲不振，胃炎、胃溃疡和十二指肠溃疡的发病率提高。

（四）对正常工作和生活的影响

噪声妨碍睡眠和休息。噪声达到 60～70dB 时人会感到难以入睡，第二天工作时容易疲劳，工作效率也会降低。在噪声环境中工作，人容易感到烦躁不安，易疲劳，注意力难以集中，反应迟钝，出差错率明显上升。

在 65dB 以上的噪声环境中，人与人之间的谈话难以正常进行，必须提高嗓门交谈。若噪声再增加 5dB，达到 70dB 时严重影响谈话质量。

二、噪声的危害

噪声对人体的损伤程度主要取决于以下几点。

（1）噪声强度。噪声强度越大，危害越大。

（2）接触时间。长时间接触噪声要比短时间接触危害大。

（3）频谱特性。从噪声的频率及频谱特性来讲，在相同噪声强度的情况下，高频噪声要比低频噪声危害大；频谱分布较宽的噪声要比单频噪声的危害大；脉冲噪声和突发噪声较稳态噪声危害大。

（4）接触者的敏感性等因素。

三、噪声的控制和防护

噪声来源于振动，通常是由机械振动所产生的。不合理的机械设计和安装都会产生噪声，因而预防和降低其危害需从多方面着手。

（一）合理优化实验装置设计

适当加强装置的刚度。电动机等动力驱动装置的转动频率应避开整个装置的固有频率。

减少机械振动的产生可以降低噪声。由于机械磨损、缺乏润滑、机件老化、弹簧疲劳变形等原因，会出现各种不正常的振动与噪声，导致实验设备装置的机件磨损甚至损坏。及时维护和修理实验设备装置，即可以减小或消除振动与噪声。

(二)控制噪声传播途径

1.减弱和控制噪声的传播

采用消声器或用消声、吸声、隔声材料阻隔声音源来以改造声源、降低噪声。

2.加强个人防护

加强个人防护最常用的方法是佩戴耳塞、耳罩、防声帽。在现场工作时要使用防护用品。

3.个人的自我调节

定期对从事相关实验的人员进行健康监护体检；实验人员要注意休息和加强营养，多吃富含维生素和蛋白质的食物；增加睡眠时间，不要过度上网或娱乐，以利于听力的恢复。

4.以人为本，系统筛查噪声敏感人群

筛选出对噪声敏感的人员或早期听力损伤人员，并采取相应的防护措施。凡具有噪声作业禁忌证者，不应安排较高噪声强度的实验。

第三节 实验室用水安全

一、实验室用水分类

(一)按实验需求种类划分

我国把实验室用水分为下列三级。具体分类如下：

(1)三级水用于一般化学分析实验，可用蒸馏或离子交换等方法制取。

(2)二级水用于实验配制用水，主要应用于缓冲液的制备、微生物培养、滴定实验、水质分析实验、化学合成、组织培养、动物饮用水、颗粒分析以及紫外光谱分析；可通过多次蒸馏或离子交换制得。

(3)一级水用于精密度较高的分析化学实验(如各类色谱、质谱研究)、细胞培养等。

(二)按获得方法划分

实验中的用水，由于实验目的不同对水质的要求各有不同，要先判断是用于冷凝、仪器的洗涤、溶液的配制还是生物组织培养等。水的提纯常用蒸馏法、离子交换法、反渗透法、电渗析法等。了解实验室用水安全，首先要清楚实验室用水的种类，用蒸馏法制得的纯水叫作蒸馏水，用离子交换法等制得的纯水叫作去离子水。

1.自来水

自来水是实验室使用最多的水，一般器皿的清洗、真空泵中用水、冷却水等都是自来水。如果使用不当，就会造成麻烦。针对上行水和下行水出现的故障，如水龙头或水管漏水、下水道排水不畅，应及时修理和疏通；冷却水的输水管必须使用橡胶管，不得使用乳胶管，上水管与水龙头的连接处及上水管、下水管与仪器或冷凝管的连接处必须用管箍夹紧，下水管必须通入水池的下水管中。

2. 蒸馏水

蒸馏水是实验室最常用的一种纯水。蒸馏水能去除自来水内大部分的污染物，但无法去除挥发性的杂质，如二氧化碳、氨、二氧化硅以及一些有机物。新制的蒸馏水是无菌的，但储存后细菌易繁殖。此外，储水的容器也很讲究，若容器是非惰性的物质，离子和容器的塑形物质会析出造成二次污染。

3. 去离子水

去离子水是应用离子交换树脂去除水中的阴离子和阳离子而获得的，但水中仍然存在可溶性的有机物，可以污染离子交换柱从而降低其获取效率，去离子水存放后也容易引起细菌的繁殖。

4. 反渗水

反渗水生成的原理是水分子在压力的作用下，通过反渗透膜成为纯水，水中的杂质被反渗透膜截留排出。反渗水克服了蒸馏水和去离子水的许多缺点，利用反渗透技术可以有效去除水中的溶解盐、胶体、细菌、病毒、细菌内毒素和大部分有机物等杂质，但使用不同厂家生产的反渗透膜对反渗水的质量影响较大。

5. 超纯水

超纯水的标准是其电阻率为 $18.2 M\Omega/cm$。但超纯水在 TOC（总有机碳）、细菌、内毒素等指标方面并不相同，要根据实验的具体要求来确定，如进行细胞培养实验则对细菌和内毒素有要求，而使用 HPLC 则要求 TOC 低。

二、实验室用水注意事项

(1)实验室的上、下水道必须保持通畅。应了解实验楼自来水总闸的位置，当发生水患时，立即关闭总阀。

(2)实验室要杜绝自来水龙头打开而无人监管的现象，要定期检查上下水管路、化学冷凝系统的橡胶管等，避免发生因管路老化等情况所造成的漏水事故。

(3)冬季做好水管的保暖和放空工作，防止水管受冻爆裂。

在线测试

参考文献

[1] 冯红艳，朱平平．化学实验安全知识[M]．高等教育出版社，2022．

[2] STEPHEN R. TURNS．燃烧学导论：概念与应用[M]．3版．姚强，李水清，王宇，译．清华大学出版社，2015．

[3] K. 巴克．分子生物学实验室工作手册[M]．科学出版社，2005．

[5] 詹妮弗·高迪索，陈惠鹏．实验室生物风险管理[M]．清华大学出版社，2021．

[6] 北京大学电子政务研究院电子政务与信息安全技术实验室．信息安全管理基础[M]．人民邮电出版社，2008．

[7] 孙仁山．特种设备事故分析与风险警示(2017－2019)[M]．中国劳动社会保障出版社，2021．

[8] 刘新华．放射性物质安全运输规程(GB11806)实用指南[M]．科学出版社，2015．

[9] 谢晖．现代工科微生物学实验教程[M]．西安交通大学出版社，2019．